生命科学の未来

がん免疫治療と獲得免疫

本庶 佑

藤原書店

生命科学の未来

目次

生命科学の未来

がん免疫治療と獲得免疫

著者近影

序

ノーベル生理学・医学賞受賞にあたって

がんの免疫治療法の更なる発展を

このたびはノーベル生理学・医学賞をいただくことになり、大変に名誉なことで、喜んでおります。これはひとえに長い間ともに苦労してきました共同研究者、学生諸君、また様々な形で後援してくださった方々、また長い間支えてくれました家族のおかげで、本当に言い尽くせない多くの人に感謝しております。

一九九二年のＰＤ―１の発見をはじめとするきわめて基礎的な研究が、新しいがんの治療法として臨床に応用され、そしてたまにではありますが、「この治療法によって病気から快復して、元気になって、あなたのおかげだ」、と言われる時があると、本当に私としては、自分の研究が本当に意味があったということを実感して、何よりも嬉しく思っております。その上にこのような賞をいただき、大変私は幸運な人間だと思っております。

今後、この免疫治療法が、これまで以上に多くのがん患者を救うことになるように、一層私自身ももうしばらく研究を続けたいと思うとともに、世界中の研究者がこういう目標に向かって努力を重ねて、この治療法をさらに発展させるようになることを期待しております。また、今回の、基礎的な研究から臨床につながるように発展することで、受賞できたことによりまして、基礎医学研究が一層加速して、基礎研究に携わる多くの研究者を勇気づけることになれば、私としてはまさに望外の喜びでございます。

研究に絶望したことはない

落ち着いていろいろ考えてみますと、私は本当に幸運な人生をこれまで歩いてきたと言わざるを得ません。

まず第一に、私は両親から非常に良い遺伝子をもらったということ。健康であるということが何よりもありますし、性格的に物事を突き詰めて考える。本庶家は代々お寺で、その分家を含めても本庶家というのはそんなにたくさんは無いんですが、そういう性格の人が多いと聞いております。

また、私の研究のタイミングが、日本の高度成長期の経済発展と非常に合っておりました。一九七〇年に大学院を修了後に外国へ行きまして、当時日本の助手の給与がたぶん月に四万円から五万円でしたが、アメリカに行ってポスドクをして、帰ってきた時の給与が（年間）一万二〇〇〇〜三〇〇〇ドル（当時の日本円で約六六〇万〜六九〇万円）ですから、経済格差が非常に大きかった。そういう意味で日本へ帰ってくる時は大変逡巡がありまして、米国の私の指導者で先生であったフィリップ・リーダーは、「お前は残るべきだ。アメリカから日本へ帰ったんでは潰れるだろう」と言われました。しかし私は、家族が中途半端な状態で、子供も二人いましたので、きちっとした日本の教育を受けさせたいということで帰る決意をしたんですが、それと同時に、一度日本で本当にまともな研究ができるかどうかチャレンジしてみたい、ということで帰ってきました。

もちろん最初は研究費などはほとんど取れなくて、東京大学の助手として帰ってきて最初にもらったのが五〇万円の研究費でありました。ところが幸いなことに、アメリカのボスが、帰る前にジェイン・コフィ・チャイルド・メモリアル・ファンドに応募して、それが年間三〇〇〇ドルで、当時の私のような日本の若手の研究者にとっては破格の研究費用だったんです。

続いて、当時の山村雄一先生から突然電話がかかってきて大阪大学に呼ばれましたが、その頃から日本の科学研究費の金額も非常に大きくなり、以来ずっと科学研究費に支援されて研究を続けられた。そういう非常にめぐり合わせが良かった。

さらに一九七〇年代に、遺伝子組み換え技術の開発が進んで、その後は

ＤＮＡシーケンスから遺伝子のノックアウトなど次々と生命科学の革命的な展開の中で、私自身の研究・好奇心を追求する道が非常によくマッチして今日まで来ました。ということで、私は絶望して、もう駄目でやめようかと思ったことは一度もなかったということで、本当に幸せ、幸運であったと思っております。

また、当然この間、多くの共同研究者、それからテクニカルスタッフ、秘書等々にサポートしていただきましたし、後で家内がなんというか知りませんけれども、私は家族のことは、あまり細かいことにはタッチせずに、典型的な亭主関白として研究に邁進してきました。そういうことをさせてくれた家族にも、感謝しております。ともかく、こういう人生をもう一度やりたいと言ったら、ぜいたくだと言われるくらい、自分としては充実した人生でこれまで来られたと思います。

サイエンスは未来への投資

最近、大学の法人化という改革が起こりました。それはちょうど私がPD―1でがん治療の原理を発表した前後です。その当時、私は特許は本来大学が出すべきであると思いまして、大学に相談したんですが、大学にはそういう能力がない、お金もないということで、どこかの製薬企業と組んで出せと言われたので、それは私にとっては、今に至るまで非常に残念なことであると思っています。先ほど申し上げましたように、この果実は大学に返して、そして次の後進を育てることに使いたいと思っております。

そういうわけで、こういう基礎研究から応用につながるということは、しょっちゅうあるわけではありませんが、決してまれなことではなく、ライフサイエンスにおいてもこういうことはあるということを実証できたことで、ぜひ基礎研究にきちんとしたシステマティック、なおかつ長期的な展望でサポートして、若い人が人生をかけて良かったなと思えるような国になることが、重要ではないかと思います。

現在、日本の国は、自動車とかＩＴといった産業で国を支えていますが、何といっても生命科学、人がいかに生きるかということは人間の根幹です。これからの成長産業というのは、訳がわからないところで新たな変革・革命が起こるので、ライフサイエンスに投資しない国は未来がないと思います。米国など世界の大きな国は、ライフサイエンスが次のサイエンスだということで、（研究に対する投資全体の）半分以上の投資をしておりますが、我が国のライフサイエンスへの投資は、私が総合科学技術会議にいたころから大体三〇％で、私の知ってる限り、日本では政策立案段階で依然として昔の「長高重大」型の発想から抜けきれていない。

サイエンスは未来への投資でありまして、今儲かっているところに更にお金をつぎ込むのであれば、やはり遅れを取ると思います。

基礎研究振興への基金の設立へ

今回、せっかくこのような賞を頂いたので、賞金は、京都大学の基金として寄付し、今後の日本を担っていく若手研究者を支援する基金を設立して有効に活用していきたいと考えています。私としては、ＰＤ―１は京大で生まれたので、京大への寄付が望ましいと考えています。

ただし、ノーベル賞の賞金だけでは基金として十分ではないので、私たちの研究成果であるがん治療薬「オプジーボ」（一般名ニボルマブ）の販売で得られた利益の一部を受け取るロイヤルティー（権利使用料）なども合わせてその基金に投じていきたいと思います。

目標としては、一千億円規模の基金としていきたいですね。基金の対象は、生命科学分野で基礎研究に取り組む若手研究者とするつもりです。一千億円規模が実現すれば、年利を四％とすると年間四〇人（一人当たり一億円）を支援できる計算になります。国の予算からすればわずかですが、現状を打破するための一石となればと考えています。

私は、生命科学分野では、多額の研究費を一人に集中するのではなく、一〇人くらいの可能性を追求した方がより多くの成果を期待できると考えています。この基金によってより多くの若い人が機会を得ることができるようになれば、と考えています。

I

PD―1抗体発見への道のり

――獲得免疫の驚くべき幸運とがん免疫治療――

2016. 11. 11

1　免疫学との出会い

この度、第三二回京都賞を受賞しましたことは、身に余る光栄でありま す。またこの記念講演を行う機会を与えていただきました稲盛財団の皆様に心から御礼を申し上げます。本日は、私の研究の歩みの中で遭遇した多くの幸運と人類の祖先が進化の過程で獲得免疫を得たことによる幸運、この二つの幸運についてお話し申し上げたいと思います。

感染症と人類

人類は太古の時代から感染症に悩まされて来ました。エジプトの石碑に

＊本文中で太字にした語は「用語解説」（82頁〜）にて説明を加えた。

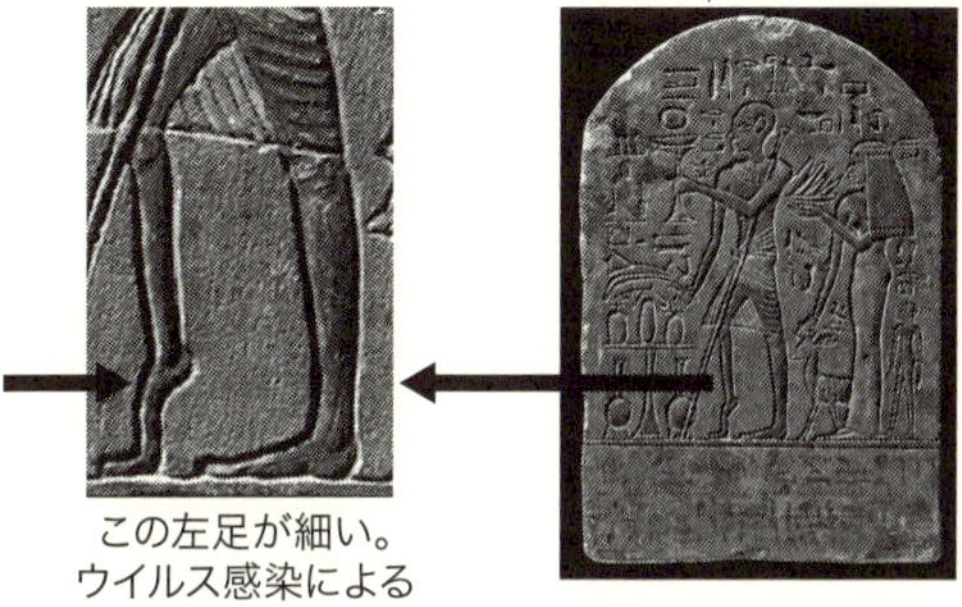

図 I–1　感染症の記録

描かれているレリーフ像から、紀元前十四世紀後半に活躍したと思われる神官の右足が細く、麻痺していることがわかります（**図I—1**）。おそらくこの当時からポリオウイルス感染による麻痺が人類を悩ませていたということを示しております。麻痺は残ったものの、幸い免疫の力によって生命を失うことはなかったのです。

　免疫系の力は、今日までの人類の生存に不可欠なものでありました。ごく最近までヒトの死因の第一は感染症でした。感染症から命を守れる生物が生存競争に勝ち残り、地球上に繁栄したのです。逆に病原体との戦いこそが生物の免疫系の進化を加速させたのです。

ギリシャの歴史家で『戦史』の著者として有名なトゥキディデスによりますと、ギリシャの植民都市国家であったシチリア島のシラクーザとアフリカのフェニキア人国家カルタゴとの間で戦われた紀元前四―五世紀頃の長年の戦の最中、戦場で天然痘が発生し中断されたことがありました。再度の戦になったとき、新兵中心のカルタゴ兵士が大きな被害を受けたのに比べ、以前の天然痘の感染から回復したシラクーザ兵士は再度の感染を免れ、戦に勝利したという事実が記載されております。

獲得免疫と自然免疫

このような経験を重ねて人類は免疫 immunity という現象を知るように

なりました。immunityとは、ラテン語のim-munitasで、munitasとは税、徴兵などローマ市民の社会的義務を意味し、imはこれを免除されるということです。つまりいつかは来るべきものを避けることができるという意味がありました。ヒトの免疫系は**抗原**を記憶することができる獲得免疫を持つので「同じ病気に二度かかりなしの仕組み」です。

免疫記憶を生じる獲得免疫と呼ばれる仕組みは脊椎動物以上に備わっており、このことが哺乳類を含めた脊椎動物が感染症から逃れて長生きし、地球上で繁栄している理由となっております（図I―2）。一方、記憶を残さない免疫、自然免疫は全ての生物に備わっております。

自然免疫では**マクロファージ**、**好中球**などが主な役割を果たします（図I―3）。自然免疫の仕組みでは侵入した病原体を体の成分の構造パターンの違いから知ることができますが、特定の病原体、例えば「天然痘ウイルス」だという識別はできず記憶も残りません。抗原を記憶する獲得免疫の

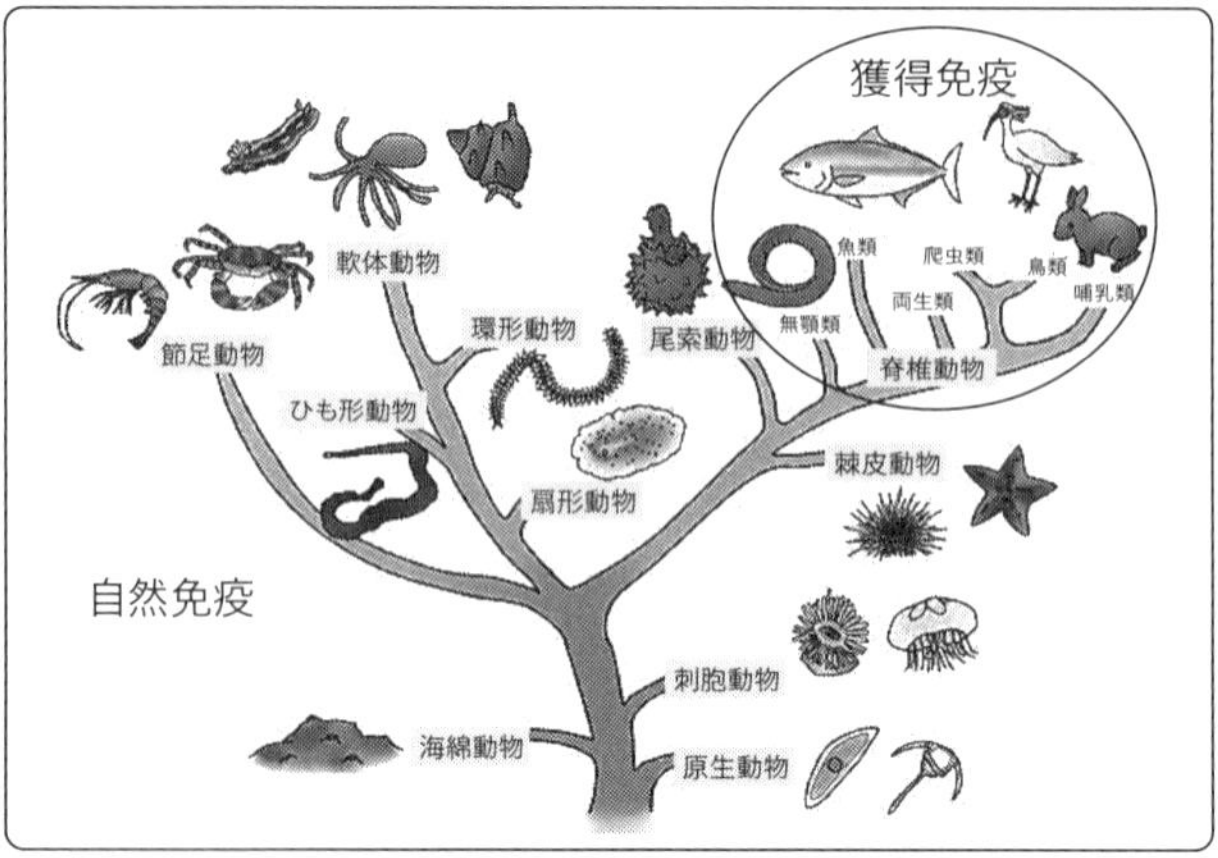

図 I–2　獲得免疫は脊椎動物から

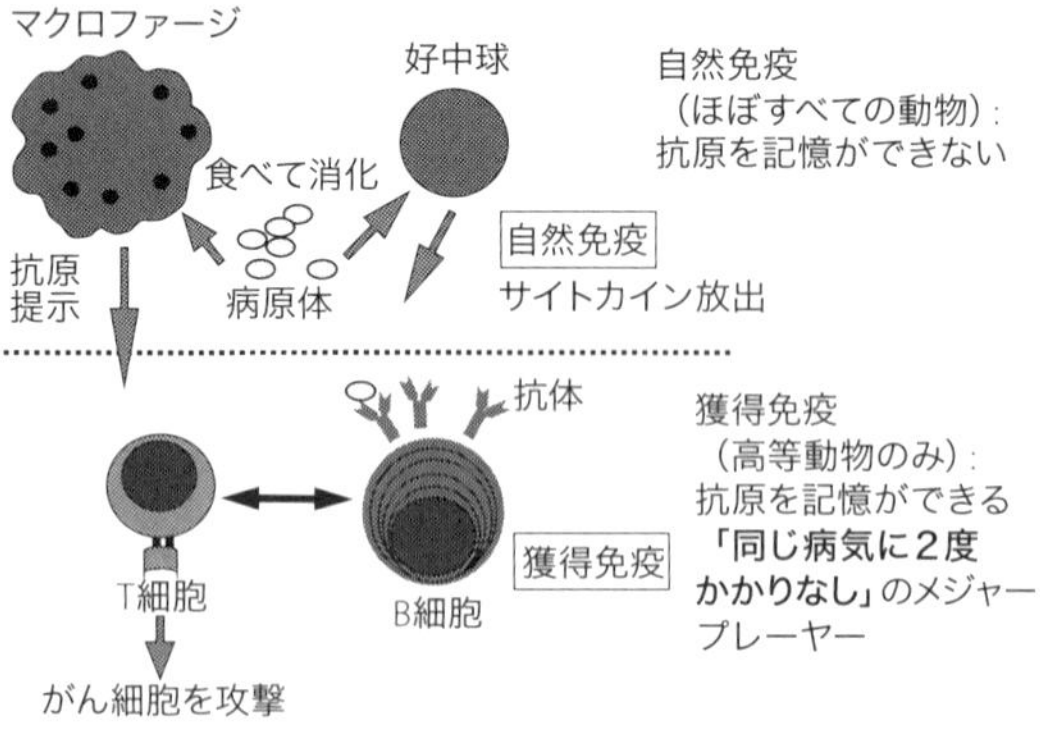

図 I–3　自然免疫と獲得免疫のプレーヤー

中心プレーヤーは、**T細胞**と**B細胞**というリンパ球であり、それぞれ細かい抗原の構造の違いを見分けるレセプターを持っております。T細胞は後でお話をするがん細胞を攻撃する細胞であり、B細胞は**抗体**を産生する細胞であります。

ワクチンと抗体——獲得免疫の病気予防への最初の応用例

免疫記憶をヒトの病気の予防に応用したワクチンの発見は、一七九六年イギリスの外科医ジェンナーによって行われました。彼は牛の天然痘ウイルスを八歳の少年の腕に接種し、六週間後にヒトの天然痘ウイルスを接種しても少年は発症しなかったということで、ワクチン接種で感染症を予防できることを証明しました。

ワクチンが病気を予防する仕組みを理解する上で非常に大きな貢献をし

たのは、エミール・フォン・ベーリングと北里柴三郎であります。彼らはジフテリア毒素を投与した動物の血清中に、この毒素を中和する物質があることを発見しました。一八九〇年のことです。これを利用してジフテリアや炭疽菌感染症に対する血清療法が確立されました。血清の中にあった中和活性を持つ物質は、のちに抗体であることが判明しました。ベーリングはこの業績によって第一回ノーベル賞受賞者となりました。

抗体の構造は長く謎でありましたが、二十世紀の中頃に四本のタンパク質からなる全体の構造が明らかになりました（図I―4）。抗体はL鎖とH鎖が二本ずつ**SS結合**で結ばれたカニの爪のような構造を致しております。その後、アミノ酸配列の決定によってL鎖とH鎖には可変部と定常部があるということが明らかになりました。可変部は抗原との結合に関わり、H鎖の定常部は結合した抗原の処理方法を決めるクラス決定をします。

動物に抗原を投与すると、初回反応としてまず**IgMクラス**が作られ、

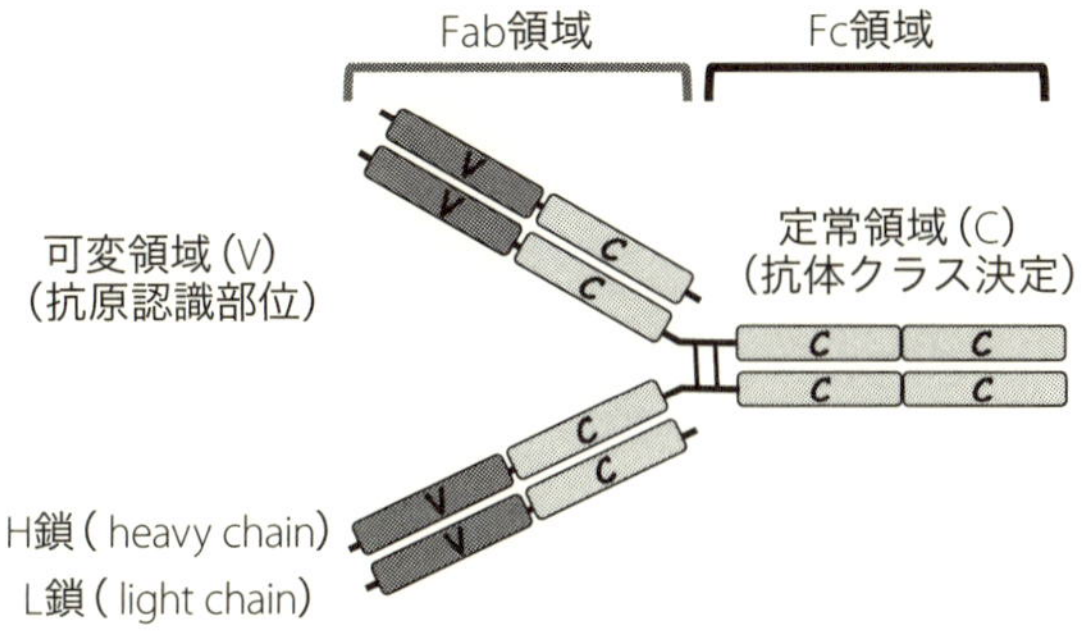

図 I–4　抗体の構造

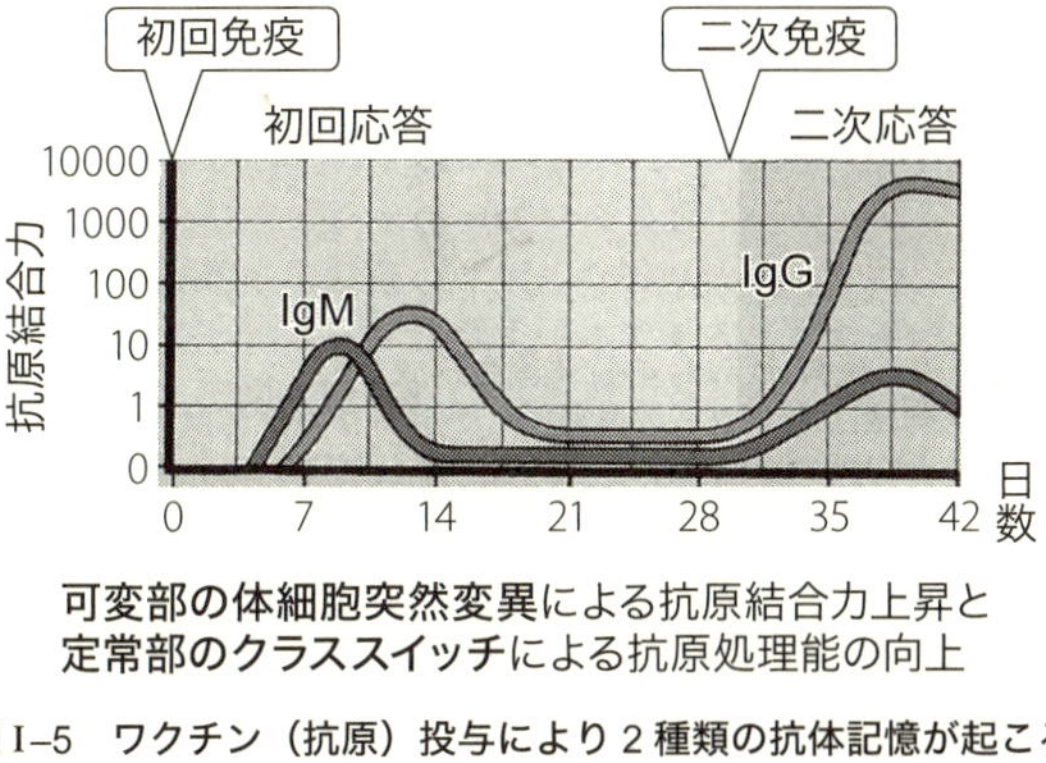

可変部の体細胞突然変異による抗原結合力上昇と
定常部のクラススイッチによる抗原処理能の向上

図 I–5　ワクチン（抗原）投与により 2 種類の抗体記憶が起こる

少し遅れて**ＩｇＧクラス**が作られます（図Ⅰ—５）。同じ動物に数週間経って同じ抗原を投与したときの二次反応では、抗原と強い結合能力を持ったＩｇＧがすぐに作られます。この二次反応では、二つの変化が起こります。まず、作られる抗体の抗原との結合力が高くなります。抗原結合部位である可変部に体細胞突然変異が入ったため抗体の抗原との結合力が上がるのです。次に、最初に作られる抗体クラスがＩｇＭからＩｇＧへのクラスのスイッチを起こし、これにより抗体はつかまえた抗原を効率よく処理できます。この二つの変化によって、動物は「抗原を記憶し再度の感染に対して強い防御力を持つことができる」のです。これがワクチンの原理です。

抗体の可変部に変異が入ると、病原体に対する結合の強いものも弱いものも生じますが、抗原と強く結合する抗体を発現する細胞が刺激を受けて増殖することによって、結果として抗原に強い結合力を持った抗体が身体の中にたくさん作られます。体細胞突然変異はＬ鎖とＨ鎖の可変部領域遺

抗体の抗原特異性にあずかる可変部は変わらず、
抗原処理などを荷なう定常部が変化する反応

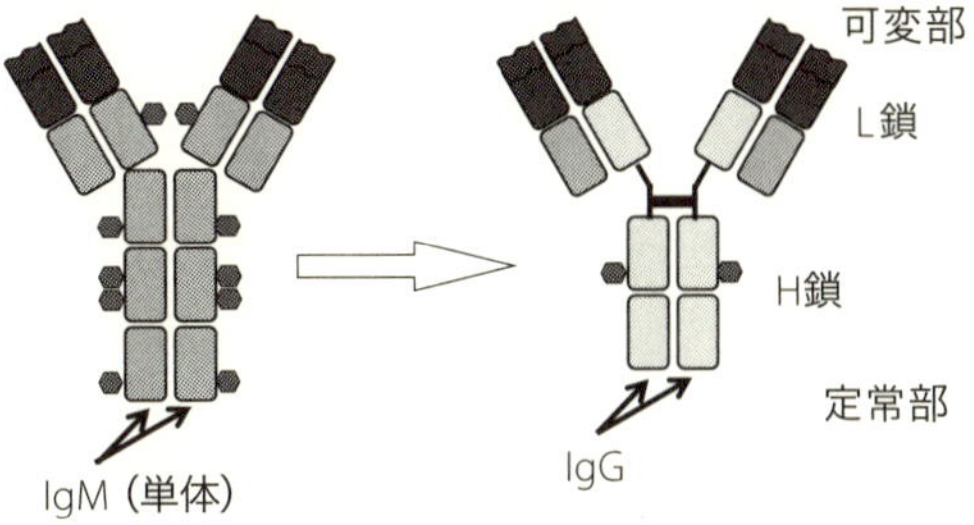

図Ⅰ–6　クラススイッチ組み換え（CSR）

伝子に点突然変異が入ります。様々な変異の入った可変部を持つ抗体を作るBリンパ球の中から、抗原への結合力の高い抗体を作るリンパ球が選択されるというダーウィン的な原理が一人ひとりのヒトの身体の中で働きます。

一方、クラススイッチではL鎖とH鎖可変部は変わらず、H鎖の定常部のみが別の構造のものに入れ変わります（図Ⅰ―6）。H鎖定常部は抗体のクラスを決め、また抗体クラスは捕まえた抗原をどこでどのように処理するかということを決めますので、クラススイッチによって抗体の抗原結合能力は変わらず、抗原処理能力が変わります。

このようにしてできた記憶抗体がどのように役立つかの一例を示します。母親が病原体に一度感染してできた記憶抗体は、母親から胎児に胎盤を通して渡されますが、この抗体はＩｇＭでなくＩｇＧでなければなりません。また母乳から新生児に移される抗体はＩｇＡでなくてはなりません。こうして体細胞突然変異とクラススイッチは、胎児や新生児を感染症から守るのに非常に重要な役割をいたします。動物は人工的に合成された化学物質などを含めたどんな抗原を投与しても記憶できることから抗体の抗原結合能力は無限のように思えました。どのようにしてこんな巧妙な免疫の仕組みが働くかは一九七〇年代に入っても全く不明でした。

分子免疫学との出会い

私がこのような素晴らしい免疫の仕組みの謎に出会うまでの道のりをご紹介します。私は小学校の校庭で夏休みに理科の先生から天体望遠鏡で土星の輪を見せてもらい、宇宙の不思議のとりことなり、天文学を研究したい、宇宙の果てに何があるか知りたいと思いました。

しかしその後、野口英世の伝記を読み、人の命を救う医学という分野も素晴らしいと大きな興味を持ちました。また父が医師であったことも後押ししたと思いますが、医学の道に進むことにしました。

後に野口英世記念医学賞を受けたとき、父はとても喜んでくれました。

大学に入って間もなく、柴谷篤弘先生の『生物学の革命』という本がみすず書房から出版されました（図I―7）。ここで柴谷先生は、がんは遺伝子の変異で起こると考え、まずＤＮＡの塩基配列を自動分析する装置を開発しなければならないと述べられています。第二に、間違っている塩基配列を見つけたら分子外科手術のように入れ替えなければならないと、一九六〇年当時としては途方もない先見性を述べられていました。半世紀後の今日、私たちはようやくこれが現実の話として受け取れます。このように壮大かつ高邁な発想は若者の心を強く惹きつけ、私に医師でなく医学研究者の道を歩む決意をさせました。

医学部卒業後、大学院は迷わず医化学教室の早石修先生のもとに進みました（図Ⅰ―8）。早石先生は当時、米国国立衛生研究所（National Institutes of Health）から帰国し着任されたばかりの気鋭の学者で、研究者がどうあるべきか、論文を盲信せず疑うこと、研究の国際性、独創性の意味などについて薫陶を受けました。大学紛争で研究ができなくなり、大学から脱出するように一九七一年米国に留学し、そこで分子免疫学の研究に出会いました。

もし**ガンが、**うえにのべたように、細胞の核におけるある種の**遺伝的情報の変化または欠失であると**考えるならば、もっとも確実な方法は、個々の細胞において、遺伝的情報のどこに間違いがおこっているかを検出する技術、および、個々の細胞において、このまちがいを正す技術を編みだすことであろう。**第一の技術は、たとえばDNAのヌクレオチド配列の高速自動完全分析器のようなものを発明することを要請する。**ＤＮＡのうすい溶液を流してやると、ヌクレオチド配列がタイプされて出てくるような機械である。

(中略)

つぎに、**第二の技術は、いわば細胞に対する分子外科手術のような曲芸になる。**そんなバカなことができるか、といわれても、ガンのためにはそれも必要かもしれない。このような手術に用いられるメスは、やはり分子でなければなるまい。

みすず書房、一九六〇年出版

図 I–7　柴谷篤弘『生物学の革命』より

図 I–8　大学院時代
早石修教授と

とっかかりは、最初に留学したメリーランド州ボルチモアにあるカーネギー研究所で、ブラウン先生が抗体の多様性を説明するために、抗体遺伝子は多数コピーが存在するという単純明快な説を提唱し、これが分子レベルで検証可能であると講演をされたことであります。

私はこの説に非常に興味を持ち、そのような研究を行える場所を求めて、一九七三年にＮＩＨのレーダー研究室に移動いたしました。そして、幸運なことに七四年頃から組換えＤＮＡ技術が開発され、遺伝子の測定や単離が可能になりました。ここでブラウン先生のモデルの検証をする機会を得ましたが、結果は少なくともＬ鎖定常部遺伝子は一個か二個であるというもので先生の説を否定することになりました。米国にそのまま研究を続けるように誘われ大変迷いましたが、家族の将来を考え帰国を決意しました。ブラウン博士とレーダー博士から受けた物心両面の大きな恩恵を手みやげに、一九七四年に東京大学栄養学教室に助手として着任しました。

2　PD—1抗体発見への道のり

抗体H鎖定常部多様化への取り組み

ここで何をやるか大いに悩みました。米国でやっていたのと同じような抗体遺伝子の研究はとても勝ち目がないから他のことをやれと先輩からアドバイスを受けましたが、どうせやるなら一番やりたいことをやろう、失敗したら田舎でのんびりとお医者さんになって過ごしても良いと考え、免疫学の中心課題に挑戦することにしました。しかし、米国でやっていたL鎖可変部の多様化の仕組みでなく、誰も手をつけていなかったH鎖定常部の多様化に取り組みました。

長い準備期間のあと抗体H鎖定常部遺伝子の測定が可能になりました。そこでそれぞれ色々な種類の抗体を作る骨髄腫細胞DNA中の抗体遺伝子を測定したところ、産生される抗体の種類によって定常部遺伝子に欠失があるということを見つける幸運に恵まれました。たとえばγ2b遺伝子を発現する骨髄腫、すなわちIgG2bを産生する骨髄腫では、μ、γ3、γ1といった遺伝子がなくなっていました。

多くの**ミエローマ**を比較してみると、抗体遺伝子の欠失パターンに一定の法則があることが見えてきました。帰りの電車の中でデータを見直していたとき、この欠失は抗体定常部遺伝子を一定の順番に並べると、可変部と発現される定常部遺伝子の中間部分が全て欠失すると仮定すると説明できることに気付き、この仮説を提唱いたしました（図I―9）。この実験を主にやってくれたのは当時大学院生の片岡徹君であります。

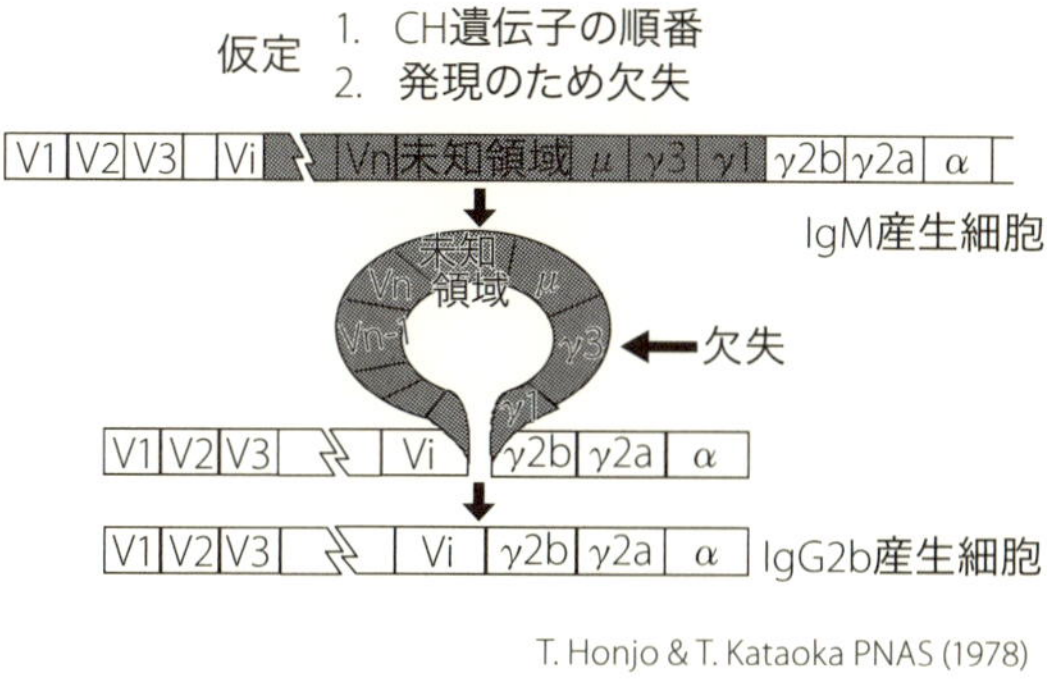

図 I–9　クラススイッチにおける遺伝子欠失モデル

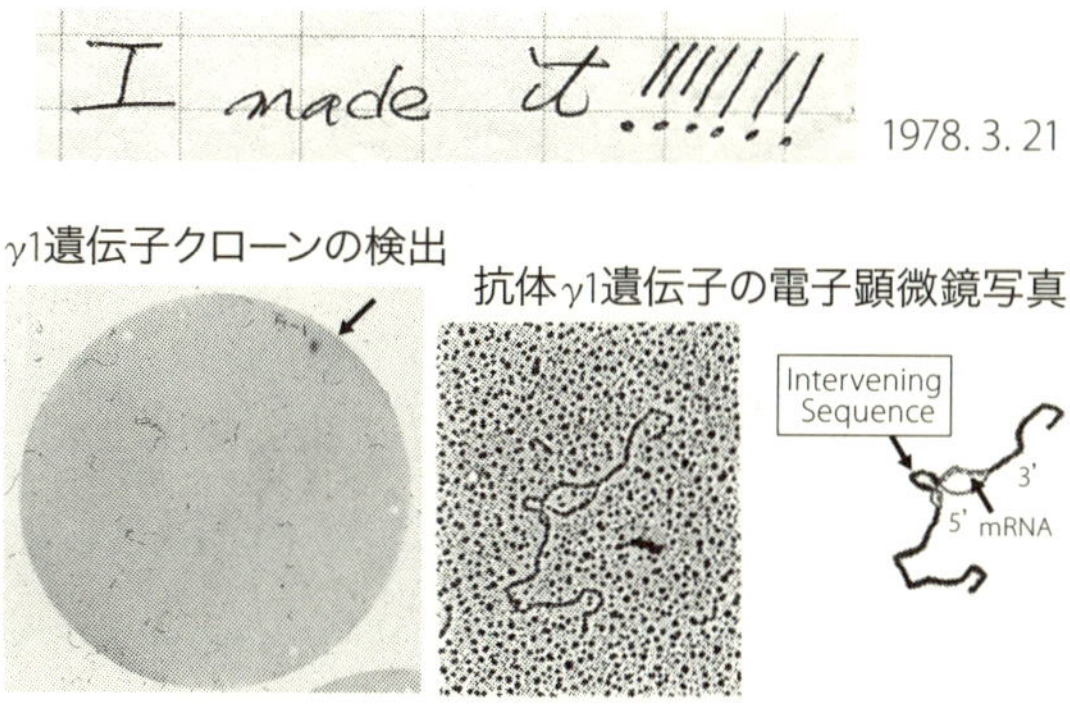

図 I–10　γ1 遺伝子の単離に成功 (1978 年)

このモデルを証明するには染色体上の遺伝子断片を単離して実際に欠失があるか調べる必要があります。一九七七年春、ようやく解禁となった組換えDNA技術を習得するために私は再びレーダー研に短期留学し、持参したγ1 **mRNA**から**cDNA**クローンの単離に成功しました（図I―10）。このcDNAを**プローブ**としてマウスのDNAからγ1遺伝子の**単離**に取り組みました。片岡君が中心になりこのDNA断片を純化し、一九七八年二月末にはベクターに入れる一歩手前まで来ました。しかし彼は新婚旅行に行ったので、止むなくそれを引き継いだ私が三月二十一日にクローニングに成功しました。このスライドはその時の感激の言葉が、私のノートに残っていたのでコピーしたものです。左のスポットがγ1遺伝子断片を持ったファージをプローブで検出したスポットです。右はこのγ1遺伝子とγ1 mRNAが会合している電子顕微鏡写真です。

その後、大阪大学遺伝学教室に教授として招かれ、一緒に来てくれた片岡君は、実際に遺伝子レベルでγ1抗体遺伝子を発現している骨髄腫DNA中では組み換えが起こり中間の定常部遺伝子が欠失されて可変部領域と発現される定常部領域が近傍に手繰り寄せられるということ、さらにこの組み換えは反復配列を持つS領域と名付けた領域で起こることを証明し、一九七九年に論文を発表しました（図I―11）。

また、染色体上のH鎖定常部遺伝子群を全て含む長い領域のDNAを単離して、定常部遺伝子の配列順番がモデルで想定した通りであることを、清水章君が中心になり、証明して報告しました（図I―12）。

次いでこれらの大きな遺伝子の欠失がどうやって起こるのかという分子メカニズムを明らかにしたいと思い、様々な試みをしましたが、成功しませんでした。一九八四年、大阪大学から京都大学に移る頃、クラススイッチを制御する**サイトカイン**IL―4と5のcDNAを単離し構造決定に成功しました。NIHフォガティ・スカラーの招へいを受け、九一年から五

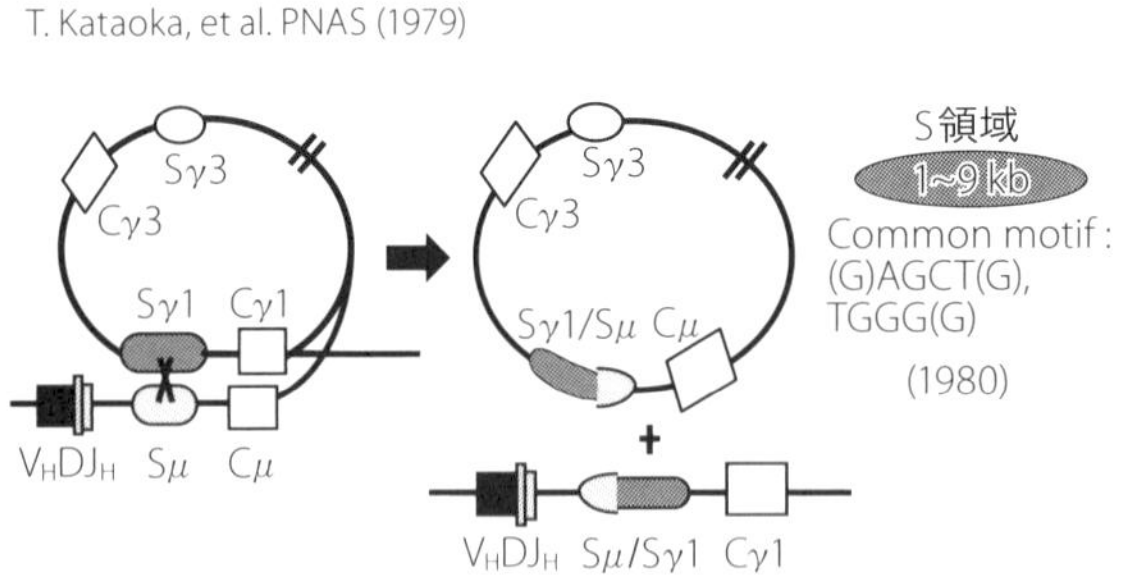

図 I–11　遺伝子欠失モデルを DNA 構造解析で証明

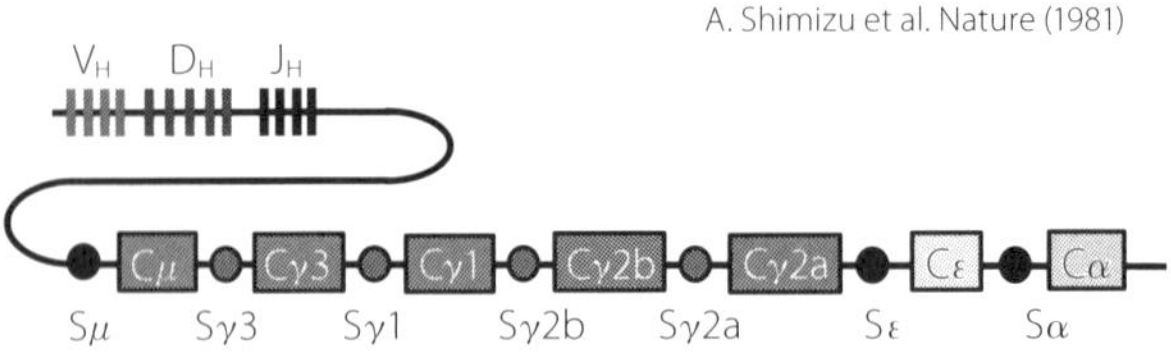

図 I–12　定常部遺伝子の染色体上の順番は仮説通り

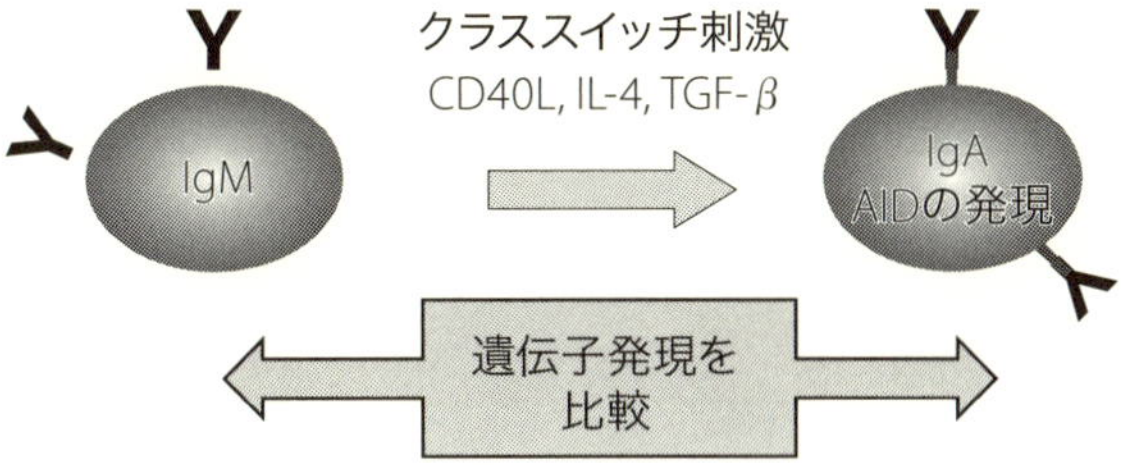

図 I–13　AID の発見：クラススイッチを起こした細胞と、起こさなかった細胞の遺伝子比較により見つけた

年間毎年三カ月程度NIHに滞在しました。この間にIgMからIgAに数％スイッチするCH12細胞が存在することを知りました。これが後の発展につながる幸運となりました。しかし、このままでは生化学実験には使えませんので、細胞を純化してIL―4などで刺激すると、約四〇％の細胞がIgAにスイッチするというCH12F3株を単離することに成功しました。

刺激してIgAを発現するCH12細胞ともとのIgMを発現するCH12細胞の間で、どのような遺伝子発現の差があるのかを調べましたところ、IgAを作る細胞にのみAIDという分子があることを一九九九年に村松正道君が発見しました（図I―13）。

酵素AID分子の機能の解明

AIDの役割を調べるためにAID遺伝子欠失マウスを作成しました。スライドのブルーの線（グラフの明るい線）で示したように、AID遺伝子を欠失させたマウスでは抗原を投与してもIgGを作れずIgMだけが作られるということがわかりました（図I―14）。つまりクラススイッチが起こらなくなったのです。

このスライドは体細胞突然変異の頻度を縦軸に、横軸にH鎖可変部領域のアミノ酸の位置を示しておりますが、突然変異が最も高頻度に起こるCDR1、CDR2という領域でAIDがあるネズミではきちんと変異が

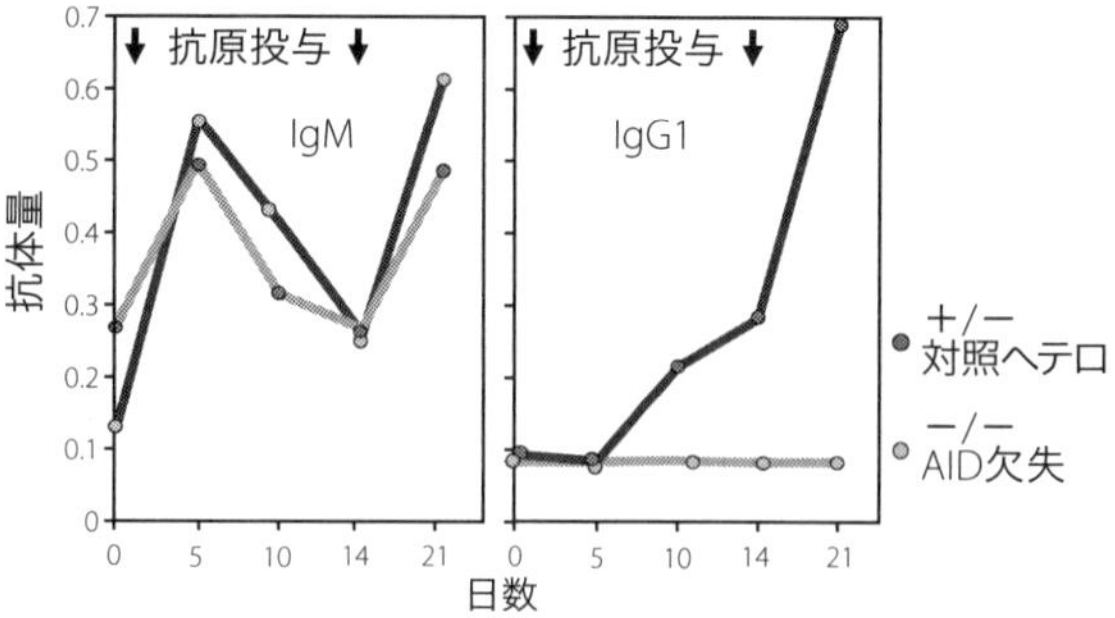

M. Muramatsu et al. Cell (2000)

図Ｉ–14　AID欠失マウスはIgG抗体を作れない

入りますが、ＡＩＤのないネズミでは全くといっていいほど変異が入らないことが、木下和生君らの研究からわかりました（**図Ｉ―15**）。さらに、ＡＩＤをリンパ球でない細胞に発現させても、体細胞突然変異とクラススイッチが起こることが判りました。

　ＡＩＤ遺伝子の染色体上の位置が一〇〇万人に一人見つかる遺伝病の高ＩｇＭ血症Ⅱ型の遺伝子と近いと考え、フランスのAnne Durandy, Alain Fischerグループとの共同研究を行い、この病気がＡＩＤの欠損症であることがわか

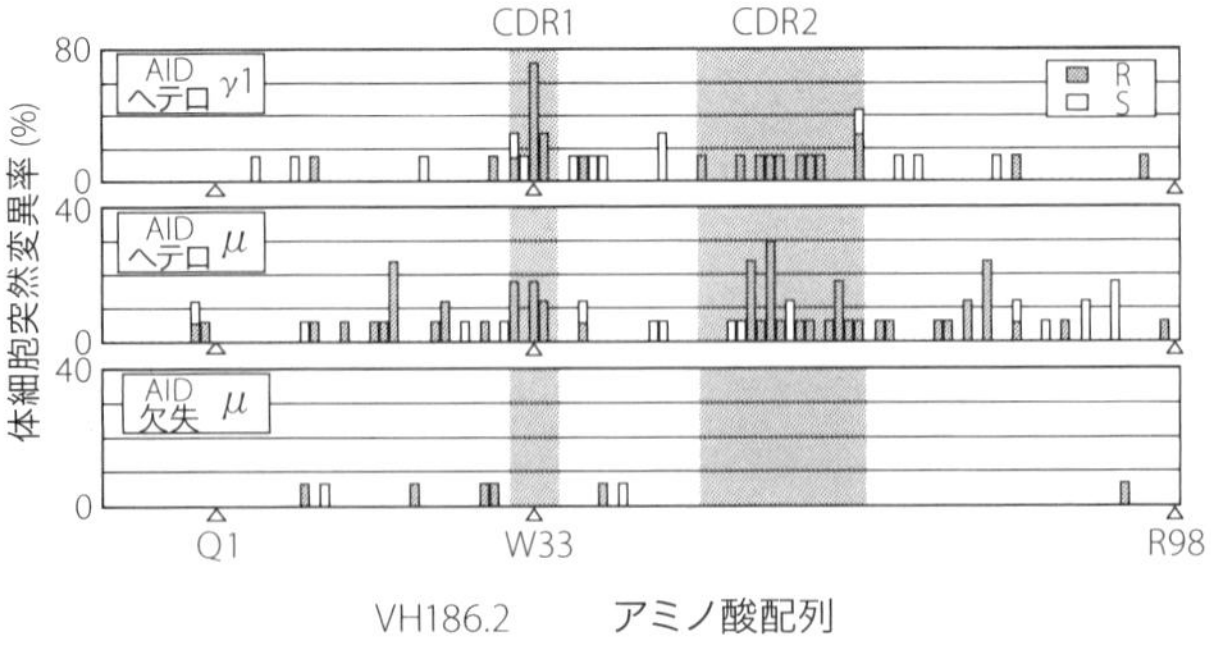

図 I–15　AID 欠失マウスの抗体には体細胞突然変異がない

P. Revy et al. Cell (2000)

1. 血清および便中IgM上昇
2. クラススイッチ誘導能の欠損
3. 体細胞突然変異の完全欠損
4. リンパ組織の肥大化
5. 感染の反復

図 I–16　高 IgM 血症 II 型患者（10 万人に 1 人）は AID 欠損症でマウスと同じ症状

りました（図Ⅰ―16）。この患者ではマウスと同じようにクラススイッチが起こらずＩｇＭが増え、また体細胞突然変異が起こりません。患者さんは繰り返し感染症に罹ります。

これらの一連の結果から、ワクチンの仕組みの本体である抗体記憶形成、即ち抗体遺伝子に抗原の記憶を刻むものはＡＩＤであるということが明らかになりました。

ＡＩＤが欠失したマウスを解析した結果、思いがけない現象が見つかりました（図Ⅰ―17）。Sidonia Fagarasan さんおよび新蔵礼子さんは、腸管内バクテリア集団と人体の共生には体細胞突然変異が入ったＩｇＡが分泌されることが必要で、このバランスが損なわれると重大な病気を引き起こすことを発見しました。この発見から、腸内細菌と宿主の適正な共生関係が人体の健康保持に重要であるという研究が世界中で展開されるようになりました。

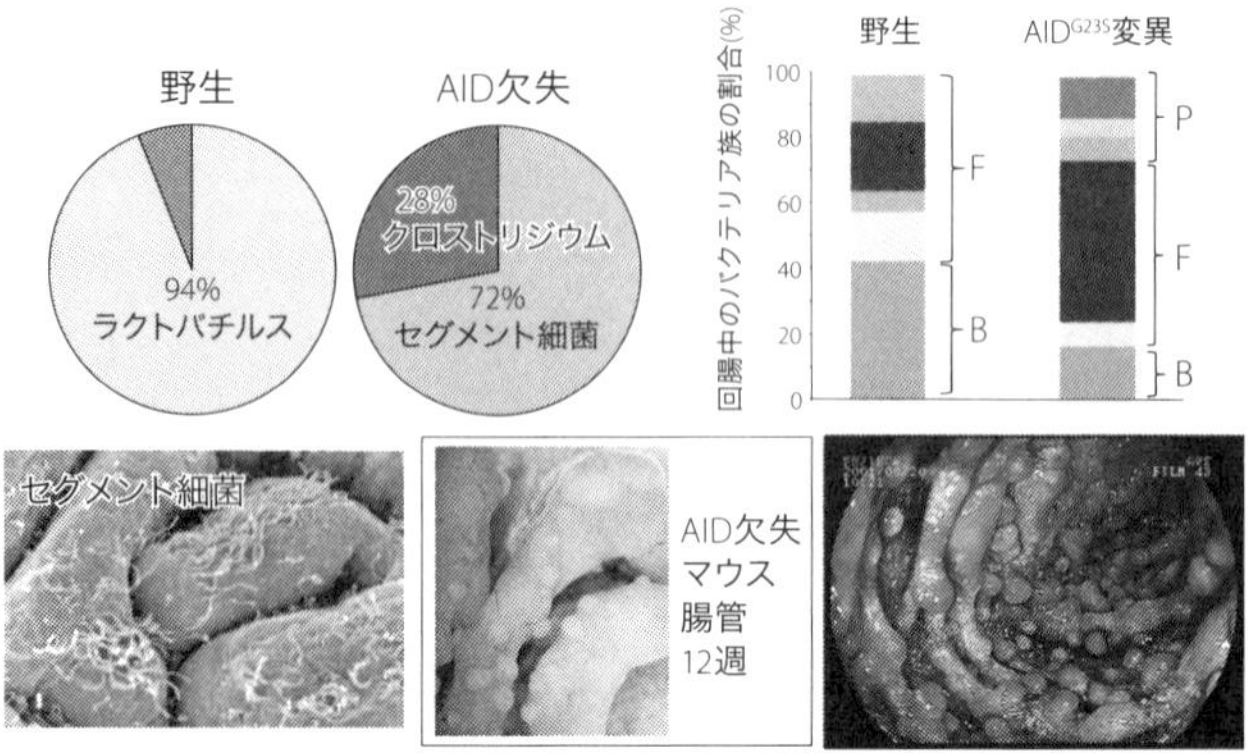

Fagarasan et al, Science (2002), Wei et al, Nat.Immunol. (2012)

図 I–17　AID の欠失や変異で結合力が高い IgA が作られないと腸管のバクテリア集団に異常が起こり病気になる

・体細胞突然変異は遺伝子の塩基（暗号文字）の変化

・クラススイッチは遺伝子の組換え（=暗号文章）の変化＝切って繋ぎ合わせる

・両者は別々の仕組みで起こると考えられた

・ところが、AIDは両方をやることができる　なぜだろうか

図 I–18　AID の働きは不思議だ

ＡＩＤは不思議な働きをします（図Ｉ—18）。まず、体細胞突然変異は遺伝子の変異、暗号で言えば文字の入れ換えでありますが、クラスイッチは遺伝子の組み換え、すなわち暗号の文章の変化でありますから、切って繋ぎ合わせることが必要であります。両者は従来、別々の分子が起こすと考えられましたが、ＡＩＤの発見によって両方をひとつの分子が行っていることがわかりました。一体これはどのようにして可能なのだろうかと、皆が非常に不思議に思いました。我々は現在もこの謎を追究しています。

ＡＩＤは一九八個のアミノ酸からなるタンパク質で、中央部分にシチジンデアミナーゼ酵素活性の中心があり、ＲＮＡ中のＣをＴにするＲＮＡ編集酵素であります（図Ｉ—19）。長岡仁君らの長年の解析結果から、ＡＩＤのＮ末端にはＤＮＡの切断に必要な部分と、Ｃ末端にはＤＮＡを繋ぎ合わせるのに必要な部分とが存在します。ＡＩＤは通常は活性化Ｂリンパ球に発現されますが、炎症やそのほかの刺激で他の細胞や腸管上皮に発現する

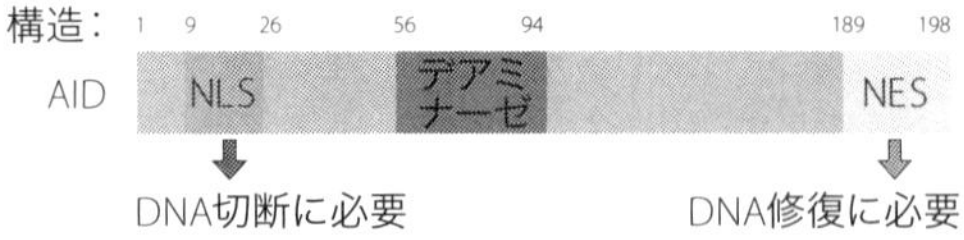

機能：シチジンデアミナーゼRNA編集酵素

発現：　(通常) 活性化Bリンパ球
(炎症) 胃壁や腸管上皮、肝細胞
(がん) Bリンフォーマ

Tran, T. H. et al. Nat. Immunol. (2010)

図 I–19　AID の機能とメカニズム

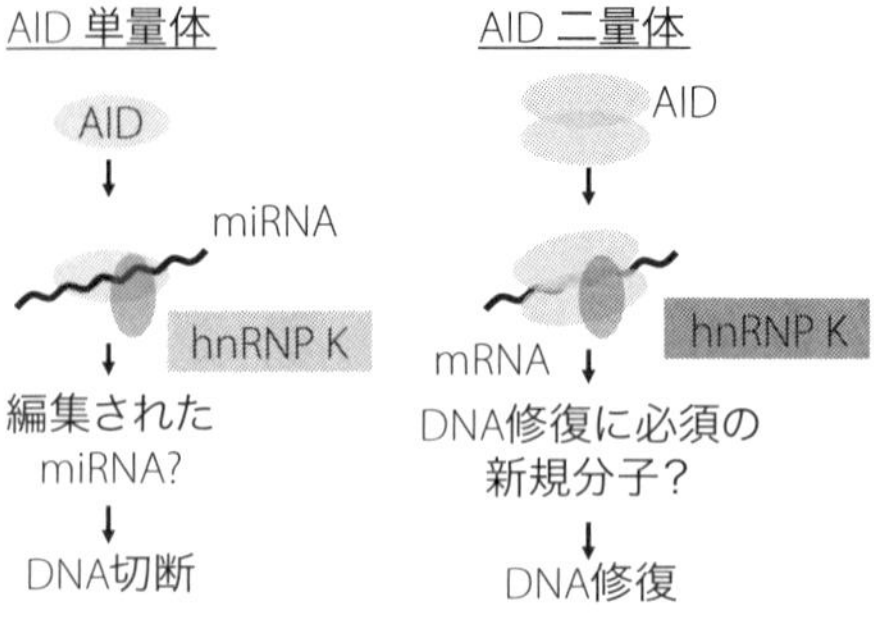

W. Hu et al. PNAS (2015)

図 I–20　AID は RNA 編集するために共役因子を使う

ことがあると言われています。

ＡＩＤはＲＮＡ編集をするために**共役因子**（コファクター）を使うことをWenjun Hu君が発見しました（**図Ⅰ—20**）。ＡＩＤの**単量体**は**ｈｎＲＮＰ Ｋ**という分子と共同してマイクロＲＮＡを編集し、ＤＮＡの切断に関わります。ＡＩＤは二量体を形成すると**ｈｎＲＮＰ Ｌ**という分子と会合してｍＲＮＡを編集し、ＤＮＡ修復に必要な新しいタンパク質を作ります。

ＡＩＤによるＤＮＡ切断に直接関わるのがＴｏｐ１という酵素であることを小林牧さんが明らかにしました（**図Ⅰ—21**）。転写されている抗体遺伝子領域には特別なヒストンが集まり、強い転写を受けることによってこの領域のＤＮＡの構造が緩みます。通常はＴｏｐ１がこの緩みを巻き戻すのですが、ＡＩＤで編集されたマイクロＲＮＡによってＴｏｐ１の量が低下するとＤＮＡは異常構造を作ってしまいます。するとそこではＴｏｐ１によって不可逆的なＤＮＡ切断が起こるということがわかりま

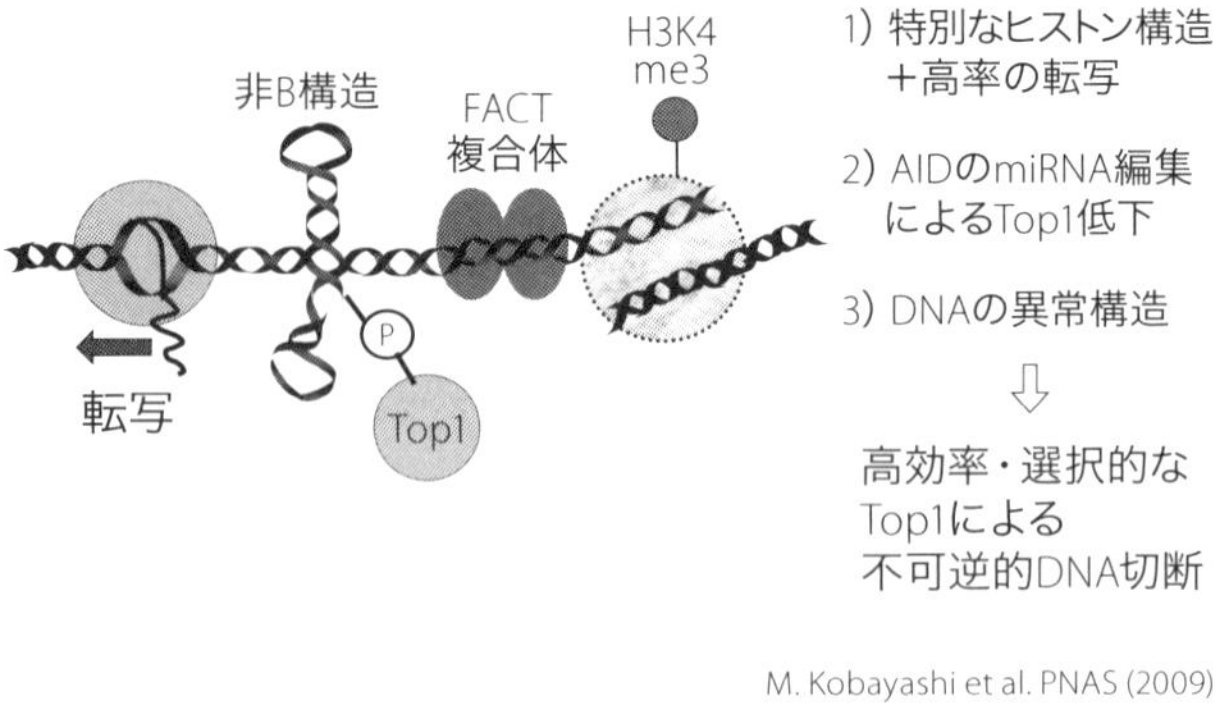

図 I–21　AID による DNA 切断機構

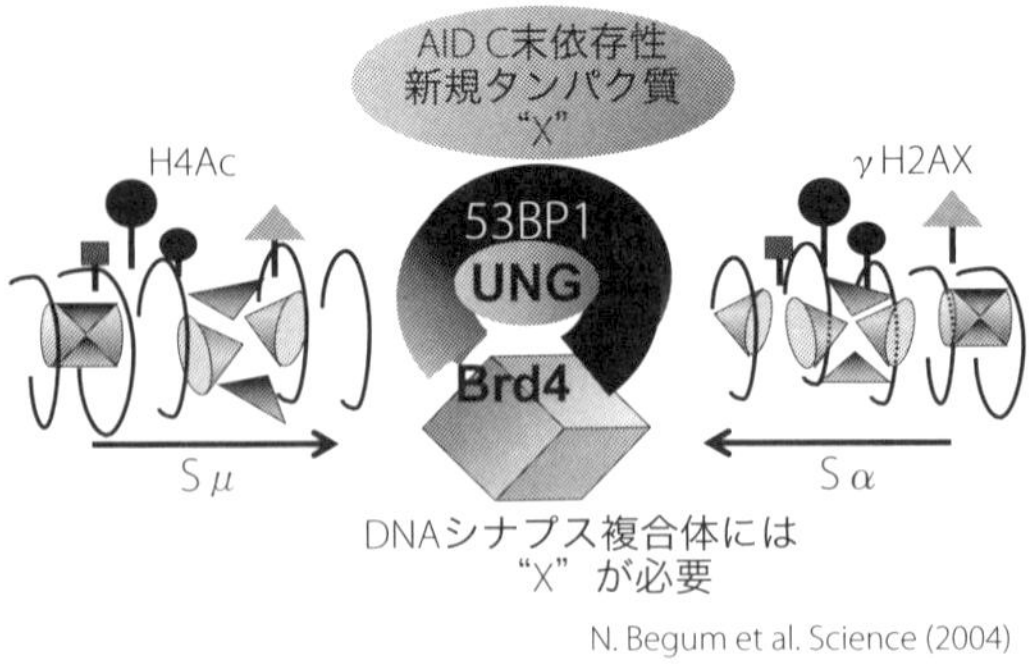

図 I–22　AID による DNA 修復

した。

一方、DNA修復はもっと複雑です（図I—22）。まずは二つのDNA切断断端を近くに手繰り寄せるために、従来知られていたいくつかの修復酵素が必要です。さらにAIDのmRNA編集によって作られる新しいタンパクが関与します。DNA修復のしくみについてはNasim Begumさんが中心になって解明してきました。

これまでの免疫の多様化の仕組みをまとめますと、大変多くの幸運が重なり、獲得免疫の謎の一端を解明し、特に抗体記憶を生む酵素AIDを発見し、その分子機構を解明したということです。

PD—1分子の発見と免疫の「ブレーキ」の仕組み

さて、獲得免疫のプレーヤーとして、抗体を作るB細胞の研究について

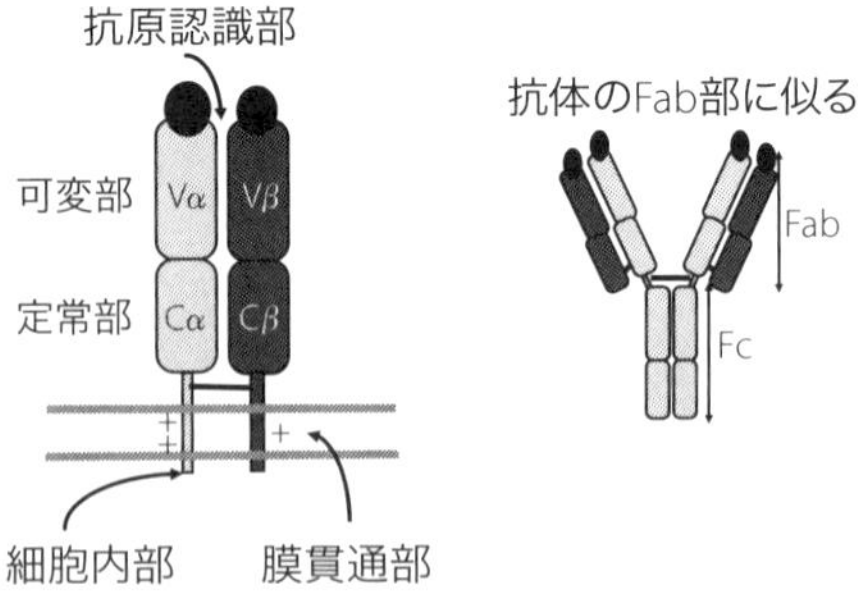

図Ｉ–23　Ｔ細胞受容体の構造

述べてきましたが、もう一つのプレーヤーはＴ細胞であります。Ｔ細胞にはヘルパーとキラーがありますが、キラーＴ細胞はウイルス感染細胞やがん細胞を攻撃して殺すことができます。

Ｔ細胞の抗原受容体は抗体の一部分と非常によく似た構造をして、可変部で多様な抗原を認識することができます（図Ｉ—23）。

一九八三年頃私たちもＴ細胞レセプターの遺伝子単離に挑戦しましたが、これはうまくいきませんでした。一九八四年大阪大学を去り京都大学に移る直前の頃、ＩＬ—2レセプターというサイトカインレセプターの単離に成功し、続いてT細胞が作るサイトカインＩＬ―４とＩＬ―５のクローニングに成功しました。一九八九年に大学院に入学した石田靖雅君は、しばらくして胸腺T細胞の選択的細胞死にかかわる遺伝子の単離を提案しました。石田君の提案は手技も含めて完成されたアイディアでありました。さらに、用いた細胞では**ＰＤ―１**の発現誘導が極めて強かったため、単離できたのはＰＤ―１のみでしたので、迷うことなくこの分子の機能解析に進むことができました。

石田君、縣保年《あがたやすとし》君たちが解析したＰＤ―１ cＤＮＡの構造からこの分子は膜に発現されること、また細胞内側に特徴的な構造を持っていました（**図Ⅰ―24**）。その時知られていた細胞に正のシグナルを与える分子に共通の**チロシン**というアミノ酸が二個保存されておりました。しかし、その間隔は従来の分子と大きく違い、新しいタイプの細胞膜受容体であると考えられました。しばらくするとＰＤ―１は細胞死に関わるものではないことがまず判明しましたが、面白そうな分子なのでその機能を続けて研究することにしました。

西村泰行君がPD―1遺伝子の欠失マウスを作り、岡崎拓君がその解析に加わり五年近くの大変な苦労を重ね、湊長博研究室の協力も得た結果、黒ネズミ、白ネズミといった様々な種類のネズミでそれぞれ違う病気が発症することが判りました（図I―25）。腎炎、関節炎、拡張型心筋症、自己免疫性糖尿病、心筋炎などは、いずれも免疫の力が異常に上がるために起こる自己免疫症状であります。すなわちPD―1がないネズミで免疫が上がるということから、PD―1が免疫反応のブレーキ役をしていることがわかりました。

免疫反応の制御は自動車の走行制御に似ております（図I―26）。免疫系を最初に活性化するためには、自動車が駐車場から出るときのようにパーキングブレーキを解除してゆっくりとアクセルを踏む必要があります。免

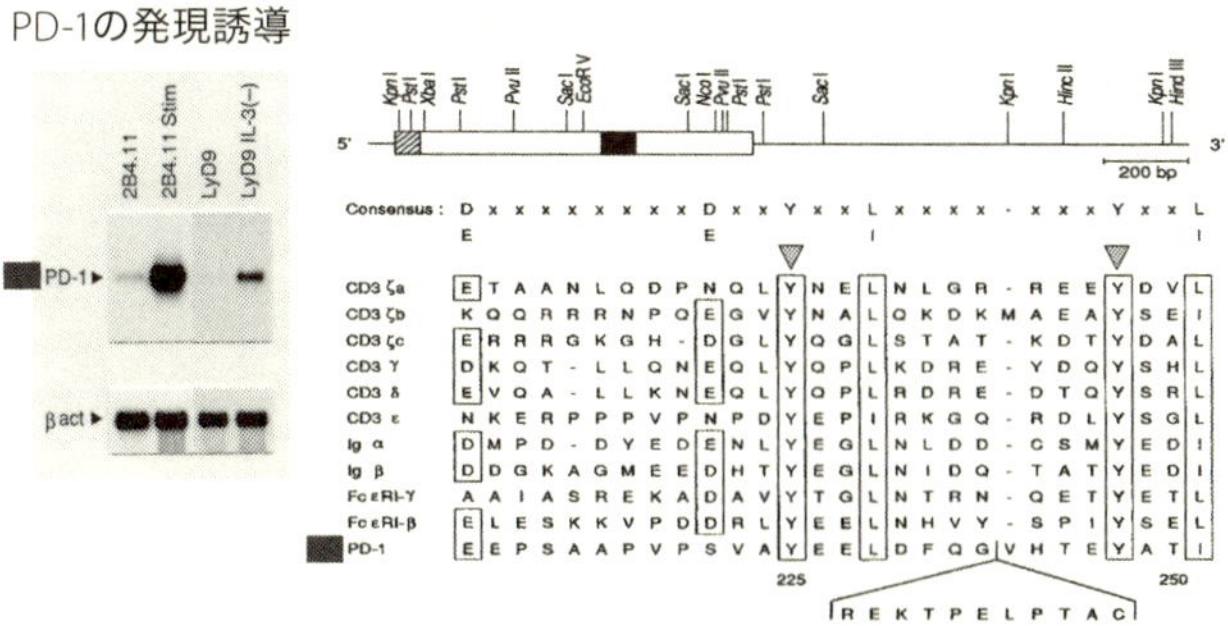

Y. Ishida et al. EMBO J. (1992)

図 I–24　PD-1 の構造

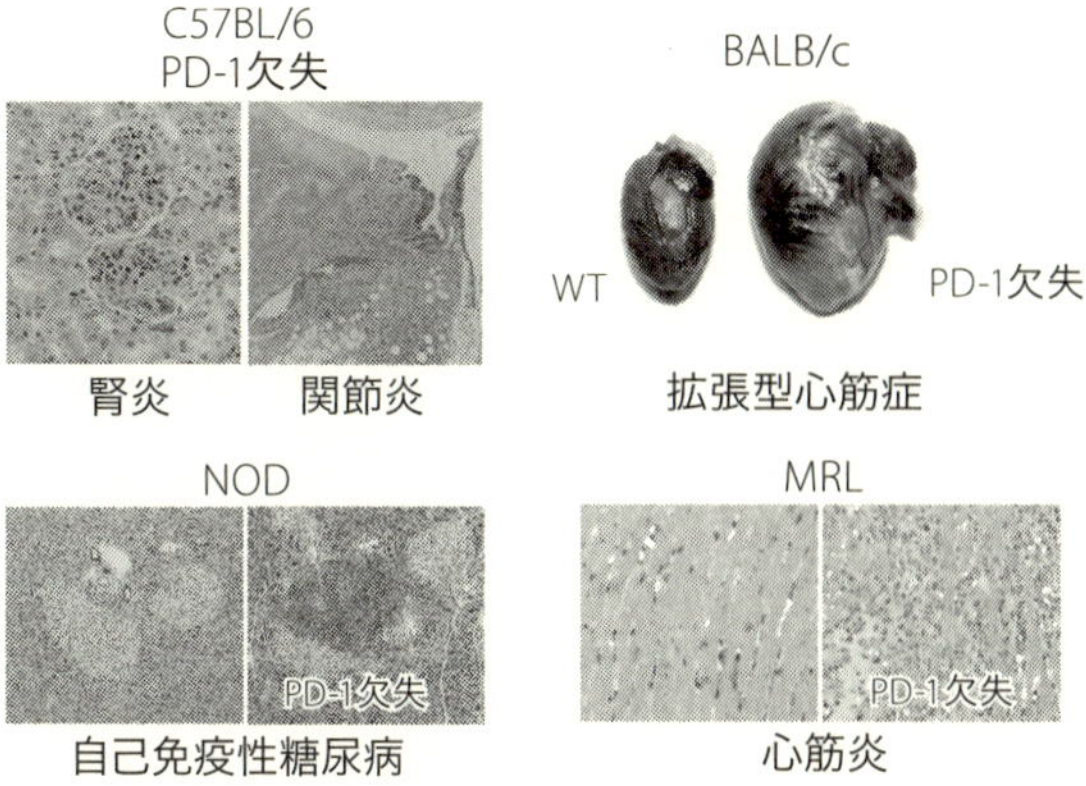

H. Nishimura et al. Immunity (1999), T. Okazaki et al. Nat. Medicine (2003)

図 I–25　PD-1 は免疫系のブレーキである

	進行	停止	効果
駐車場から出る [活性化]	アクセル [CD28]	駐車ブレーキ [CTLA-4]	発進／駐車
道路走行 [攻撃]	アクセル [ICOS]	ブレーキ [PD-1]	0〜100k/h

図 I–26　免疫制御は自動車走行制御と似ている

疫系ではこの時のアクセルに相当するのが**CD28**、パーキングブレーキは**CTLA―4**という分子であります。これらは自動車運転に似て、発進か停車か、「オン」か「オフ」の効果で働きます。一方、道路を走行するときのアクセルとブレーキに相当するものは、免疫が相手を攻撃するときに使うものでアクセルが**ICOS**であり、PD―1がブレーキです。両者の組み合わせによって時速何十キロメートルでも任意の速度を出すことができるように免疫力の強さを可変的に制御します。

獲得免疫によるがん治療に向けて

永らく外科手術、放射線、化学抗がん剤のみががん治療法として有効であるとされてきました。がんを免疫の力で治療できないかと多くの人が試みていましたが成功しませんでした。

従来がんの免疫治療に用いられたのは、がん抗原ワクチン治療、即ち抗原をがん細胞から取り出し、これを大量に投与する。あるいは細胞活性化療法といって患者さんのリンパ球を取り出し、試験管の中で活性化させて再び戻すという方法。さらには**インターフェロン**などの免疫活性化サイトカイン療法が試みられましたが、いずれも成功しませんでした（図Ⅰ—27）。そこで私共はPD—1というブレーキを外したら免疫系が活性化するということを見つけたので、これでがんの治療ができないかと考えました。

1. がん抗原療法

2. 免疫細胞活性化療法

3. インターフェロンなどの免疫活性化法

→ PD-1ブレーキをはずしてみる

図 I–27　免疫のアクセルを踏むがん治療の試みは成功しなかった

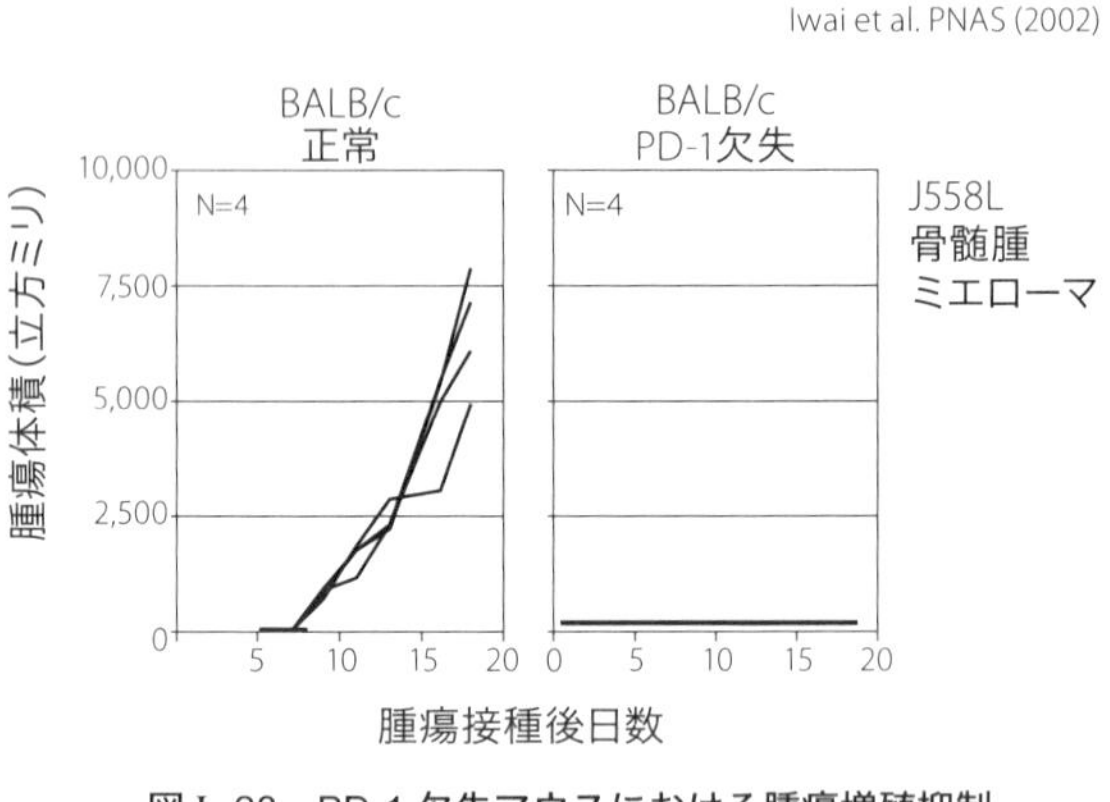

図 I–28　PD-1 欠失マウスにおける腫瘍増殖抑制

そこで当時大学院生であった岩井佳子さんに二〇〇〇年の初めくらいからがん治療の研究を始めてもらいました（図I―28）。まずPD―1が欠失しているネズミと正常なネズミで腫瘍を植えて増殖スピードに差が出るかどうかを見てもらったところ、有意の差がありました。例えば左のように野生マウスでは腫瘍が直線的に増殖しますが、右のPD―1欠失、すなわち免疫力が非常に上がっているネズミでは腫瘍が増えてこないということがわかりました。そこで次には抗体をがん治療に使えるか実験することにしました。

同僚でがん免疫の専門家の湊長博教授に優れた抗体を作っていただき、抗体投与によって腫瘍増殖の抑制効果があるかのテストをしてもらったところ、抗体を打ったネズミでは腫瘍の増加が強く抑えられ、ネズミの寿命も延びるということがわかりました（図I―29）。PD―L1はPD―1と結合するブレーキを踏む足の役割をする分子です。

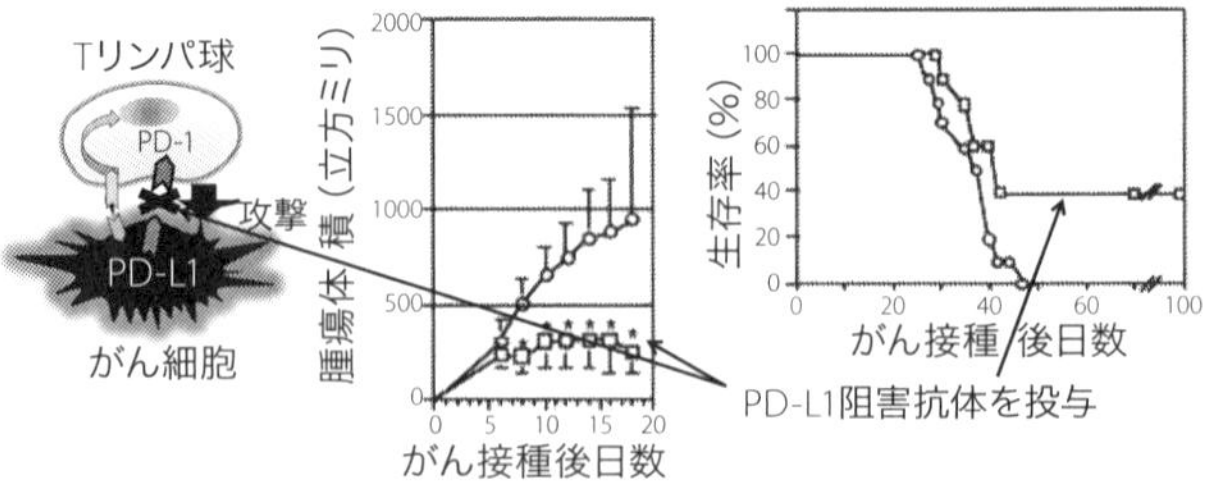

図 I–29　PD-1 阻害抗体はマウスの骨髄腫を抑制する

岩井さんはさらに**メラノーマ**という皮膚がんを脾臓に打ってそれが肝臓に転移するモデルを使って、ＰＤ―１抗体を投与すると肝臓への転移が抑えられることを示しました。同じようにＰＤ―１遺伝子がないネズミでは正常ネズミに比べてがんの転移が非常に少ないことも確認いたしました。これらのマウスモデルでの明確な効果を見て、私は是非これをヒトで試したいと考えました。がんの治療というのは多くの医学研究者にとって長年の夢でありました。

3　免疫治療の未来に向けて

ＰＤ―１抗体の特許出願と臨床治験

ＰＤ―１抗体を使えばこれが可能かもしれないという強い思いにかられ、この原理をヒトに応用するためにヒト型抗体を作ることを企業に提案しましたが、非常な困難に直面いたしました。これには多くの投資が必要であり、これをすぐ引き受ける企業がありませんでした。特許の共願者である小野薬品工業は、一社では無理なので国内外の企業と共同研究をしたいと言って相談に行きました。一年かけて十数社から全て断られたので開発を断念したいと言って来ました。そこで、私は自分自身が米国のベンチャーと開発をすることにし、彼らと話をしたところ、即決即断でやりましょうと言いました。しかし、そのためには小野薬品工業に撤退してもらうことを条件とされました。それを小野薬品工業に伝えたのですが、小野薬品工業が撤退を検討している間に特許が公開されました。幸運なことにそれを見た米国の別のベンチャーであるメダレックス社が小野薬品工業に直接共同開発を申し込み、そこで開発が始まりました。

直ちにメダレックスのゼノマウスという**ヒト免疫グロブリン遺伝子**を持ったマウスを用いて完全ヒト型ＰＤ―1抗体が作られ、二〇〇五年にはこの特許が出願されました。この抗体は強い結合力を持ち、またＰＤ―1に結合してもＴ細胞を殺さないようにデザインされています。二〇〇六年には Investigation new drug（研究新薬）という形で米国のＦＤＡに承認され、治験が開始されたわけであります。

米国で二〇〇六年に最初に行われた第一相臨床治験は末期の肺がん、大腸がん、メラノーマ、腎がん、前立腺がんを対象とした安全性治験でありま す。日本では二年遅れで同じような再発性の難治性がんに対する治験がスタートいたしました。難治性がんで治験がスタートしたのは、当時、誰も免疫でがんが治るとは信じていなかったからです。特にお医者さんは信じていませんでした。このような治験に自分の患者さんを預けることは大変リスクが高いので、自分たちでは手の施しようがない患者さんを治験に参加させました。この間にメダレックスは二〇〇九年にブリストルマイヤーに買収されました。

治験開始をしてまもなく、安全性を調べる目的だったのにすごく効いているという情報を学会等で聞くようになりました。二〇一二年に発表された最初の第一相治験結果の報告論文は、末期がん患者の二〇ないし三〇%に有効であるという報告であり、二九六名の末期がん患者に実施して、完全寛解、有効例が非小細胞性肺がん、メラノーマ、または腎細胞がんに認められたのであります（図I—30）。これは当時がんの分野に大きな衝撃を与え、『ウォールストリート・ジャーナル』、『フランクフルター・アルゲマイネ』などの経済紙・高級紙にも大きく取り上げられ、「がんは治る」とセンセーショナルな報告が行われました。従来、このような末期がん患者が反応する治療は想定できなかったからであります。

この論文でさらに注目を集めたことは六カ月間投与して中止したわけでありますが、そのうち腫瘍が大きくならなかった三一名中二〇名が治療を止めたあと一年半以上再発がなかったというデータが含まれていたことでありますー（図I—31）。この図は最初に投与したときの患者さんの腫瘍の大きさを0として、腫瘍が大きくなったのは上、小さくなったものは下に％でプロットしたものであります。全く効かなかった人についてはプロットしてありませんが、抗体の投与を六カ月で止めたあと、これは週で目盛っ末期がん患者の20〜30%に有効。

296 名の末期患者に対して実施し、完全寛解と有効例が、
非小細胞性肺がん、メラノーマ、または腎細胞がんに
認められた。

全ての投与容量の合計での有効率（1年以上生存）

18%（76 人の患者中14 人）非小細胞性肺がん、
28%（94 人の患者中26 人）メラノーマ、
27%（33 人の患者中 9 人）腎細胞がん

入院治療や生死に関わる治療関連副作用が 14% に
認められた（免疫関連肺病変による死（3名）を含む）。

Topalian et al. NEJM (2012)

図 I–30 PD-1 抗体による第 I 相治験の結果

6月で**投与停止**したが31名中20名が**その後1年半以上再発なし**

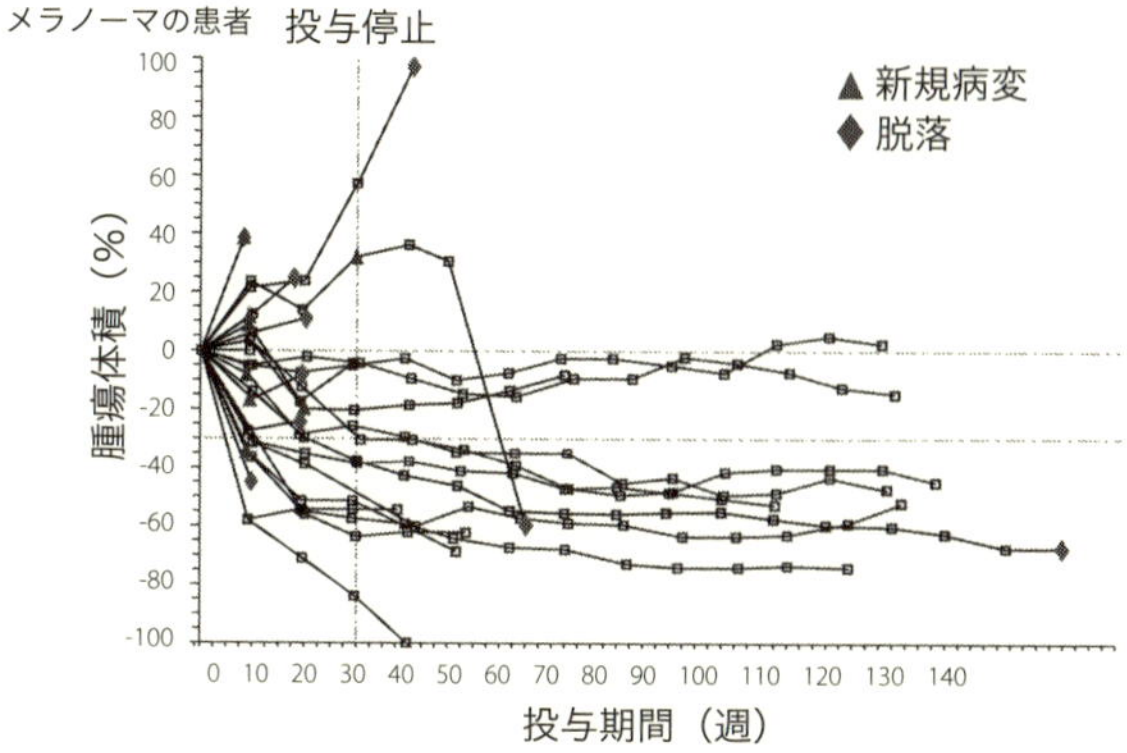

From Topalian et al. NEJM 2012

図 I–31 PD-1 抗体による抗腫瘍効果の持続

てありますので、その後一年半以上腫瘍は大きくならなくてそのまま共存するという現象が見られ、中には完全に腫瘍が消えるものもありました。このような長期持続的な効果というものは従来のがん治療法では全く知られていなかったことであり、大きなセンセーションを巻き起こしました。

私たちも京都大学産婦人科の小西郁生教授、濱西潤三先生らと共同で、PD—1抗体、商品名オプジーボを使って、従来の抗がん剤治療で治らなかった末期卵巣がん患者さんを対象にした有効性の治験を行いました。

その結果のまとめでありますが、二種類の用量でそれぞれ一〇名の患者さんに一年間投与しました。その結果、腫瘍が消えたもの、小さくなったもの、大きさが変わらなかったものを集めた群はいわゆる病勢コントロール率として定義され、一定の効果があった人が約四〇〜五〇%に達しました。

そのうちの一例でありますが、卵巣がんの再発による大きな腫瘍が腹腔

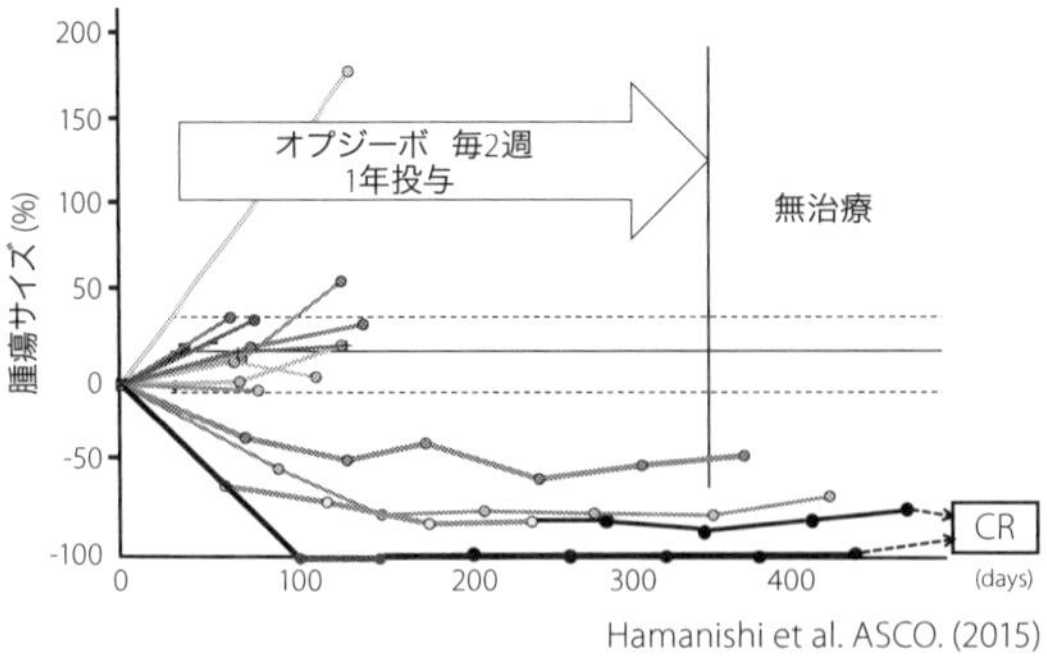

図Ⅰ−32　PD-1抗体の長期間有効性

にありましたが、四カ月の投与で完全に腫瘍が消失し、腫瘍マーカーもほぼ0になりました。この方は三年後の今でも非常にお元気で活躍しておられます。

卵巣がんの治験では一年間投与し、その後中止したわけでありますが、二年以上経ってもお元気な患者さんは二名おられます（図Ⅰ―32）。有効であった残りの七名の方も再発したときに追加投与ができれば助かったのではないかと思います。

その後、世界中の大学や病院から様々ながん種についてのPD―1抗体治療の結果が次々と公表されるようになりました。いくつかのものをご紹介します。無治療すなわち初めてメラノーマとして診断された四一八名の患者さんを無作為に二群に分けて、オプジーボと従来最も良いといわれていた抗がん剤ダカルバジンとを投与しました（図I―33）。すなわち患者さん自身もどちらの治療を受けているかわからない形にして客観的効果を判定しました。一年半後、オプジーボを投与した群は七〇％の生存率でありましたが、ダカルバジン投与群では二〇％以下の生存率でありましたので、倫理委員会が治験の中止命令を出しました。非常に大きな有効性の差が見られたからです。

また、同じように従来の治療では難治性のホジキンリンパ腫の患者でオプジーボを投与したところ、二三例の全例で腫瘍の大きさ縮小または増加なしという有効性のサインがありました（図I―34）。

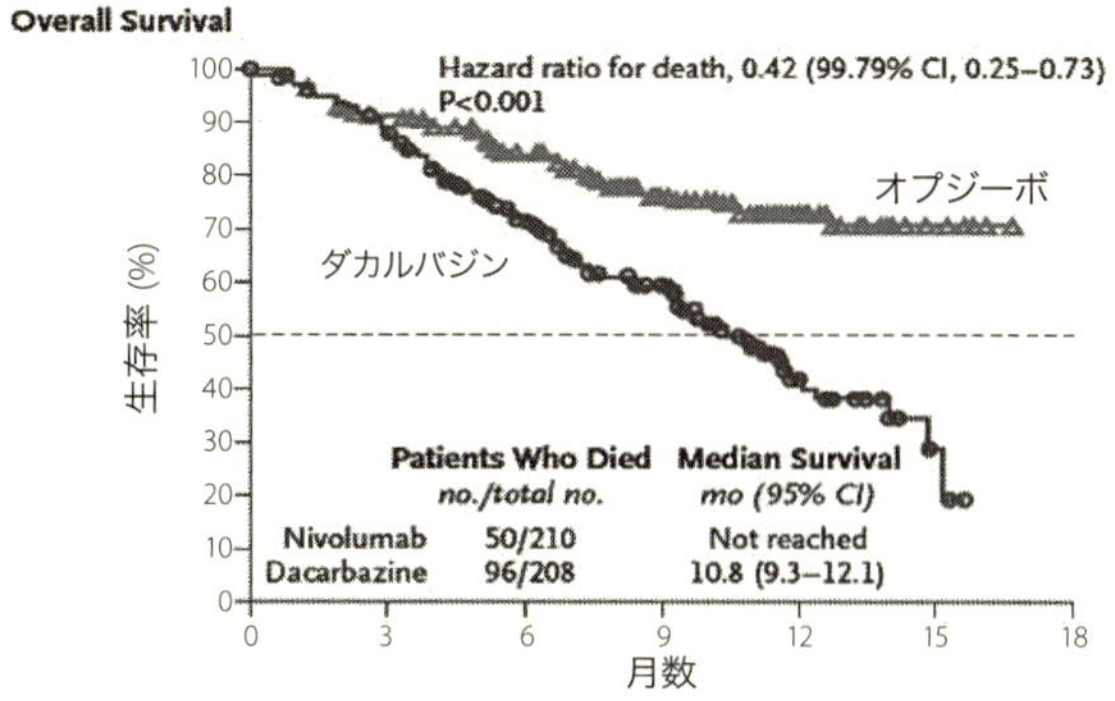

Robert C et al. N Engl J Med 2014. November 16

図 I–33　無治療メラノーマ患者に対するオプジーボとダカルバジン（アルキル化剤）投与の無作為化試験

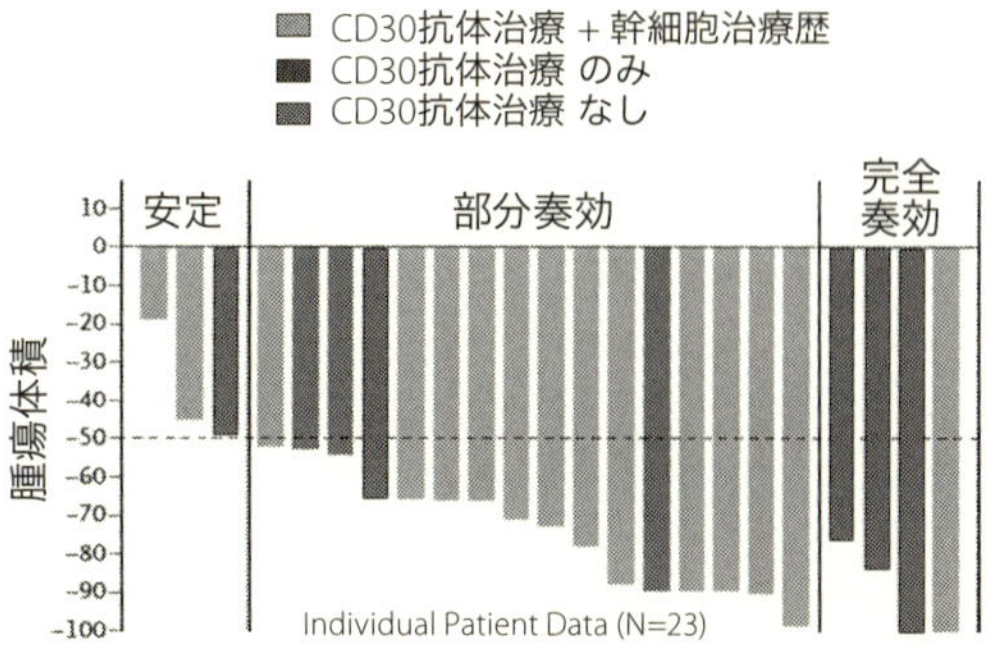

Ansell SM et al. N Engl J Med 2014. December 6

図 I–34　オプジーボ投与を受けたホジキンリンパ腫患者では 23 例で全例有効

ＰＤ―１阻害によるがん免疫治療の画期性

ＰＤ―１阻害によるがん免疫治療が非常に画期的であるといわれる理由は、第一におそらく全ての種類のがんに効くと思われること、第二に治療をやめても数年以上にわたって効果が続き再発は少ないこと、第三にがん細胞を直接攻撃せず、免疫系を活性化するので、副作用はあっても比較的軽いということによります。

がんを免疫力で治療することが出来る理由は、がんは異物だからです（図Ⅰ―35）。様々ながん細胞のＤＮＡを調べますと、いずれも正常の細胞の何百倍、何千倍といった変異が入っております。従ってがんはもともとは自分の細胞でありながら、増殖を繰り返して変異を蓄積し、免疫系が異物と認識する細胞になっているということがわかります。このためＰＤ―１抗

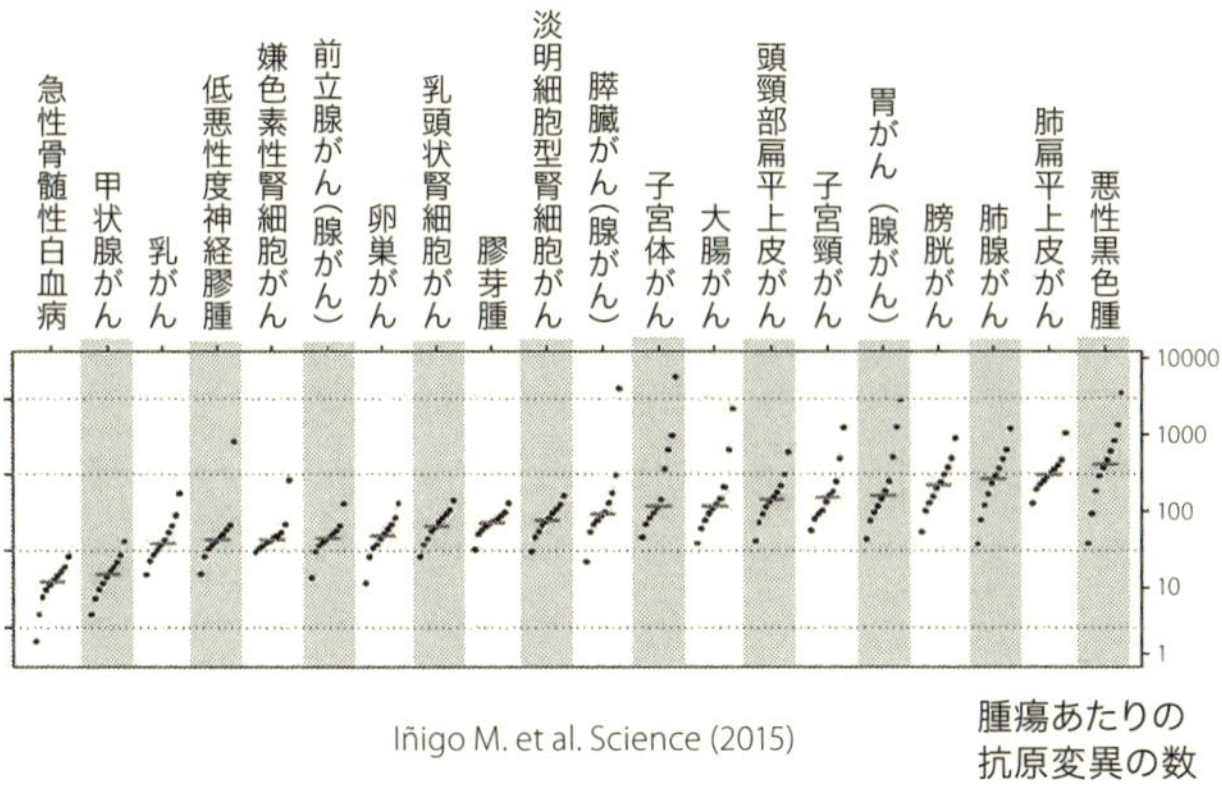

図 I–35　がん細胞は遺伝子変異頻度が高く免疫系が異物と認識する

体治療法は原理的にどのがんにも効果があると期待されます。

従来の抗がん剤は正常細胞も殺してしまいますので一〇〇%のがん細胞を殺すほどの量は投与できません。少ないけれど残ったがん細胞は増殖し、さらに変異を重ねることになり、これが抗がん剤抵抗性の細胞として再発します。そこでまた違う抗がん剤を使っても同じようにわずかに残ったがん細胞にさらに変異が加わり、新たな抵抗性がん細胞が生じます。ところが免疫系には膨大な数の種類の抗原を見分けるリンパ球が備わっており、全ての変異細胞を見つけ出し、殺すことができるので、再発が少なく長く効くのです。

そもそも免疫系がしっかり監視していれば、がん細胞は初期の段階で全て排除されるはずです。理由は不明ですが、がん細胞が免疫のブレーキを過剰に効かせて、免疫力が低下した状態になったことで増殖したと思われています。そこでブレーキをはずしてがん治療のできる方向に免疫系の安定したバランスを恒常的に変えてやることにより、長く効果が持続するのではないかと考えられます。ブレーキが弱いと感染症の治療やがん治療に有効ですが、同時に自己免疫病の発症という副作用があります。

このようなＰＤ―１抗体によるがん治療の成果で、現在日本、米国、欧州でメラノーマ、難治性非小細胞性肺がん、難治性腎がんなどへの承認が下り、多くのがん患者の命が救える状態となりました（図Ⅰ―36）。このよ

2014　根治切除不能メラノーマ

2015　難治性非小細胞肺がん

2016　難治性腎がん

図 I–36　PD-1 抗体治療の薬事承認（日本）

うな日が来たのは医学研究者として正に無上の喜びであります。

私は将来、ＰＤ—１抗体治療が全てのがん治療の第一選択肢になるのではないかと考えております（図 I—37）。その理由は、初期に使う方が効果が大きいとメラノーマの治験ですでに判明しております。また、化学療法、放射線、外科手術はいずれも身体の免疫力を弱めることになります。また、免疫治療は他と比べて副作用は少なく、半年ほどの短期間投与で長期にわたる効果を得られることも知られております。

この治療の当面の課題をまとめてみますと、まず原理的にオプジーボ、ＰＤ—１抗体で全てのがん腫で全ての人のがんが治るわけではありません。明らかに有効例と無効例があります。これを投与前あるいは直後に判定できないか、また、その有効率の向上ができないか、を引き続き研究していく必要があります（図I―38）。また、がん治療の臨床現場においては、多くのがん専門医が免疫治療に十分な知識と経験がありませんので訓練をすることが必要でありります。とくに早めに副作用を発見し対応できるようプロトコールを充実させる必要があります。

この目標に向かって私たちはPD―1抗体治療法を強化する研究を続けております（図I―39）。最近マウスを使って、より強力な方法を発見しました。T細胞が増殖してがん細胞を攻撃するときにはミトコンドリアが大きくなり、エネルギー代謝の中核となる**AMPK**や**mTOR**という酵素が活性化されます。この下流にある転写因子**PGC―1α**を活性化する低分子化合物**ベザフィブラート**を使うと、PD―L1抗体単独よりも数倍強い

1. 初期に使う方が効果大

（メラノーマでは生存率70% vs 30%)

2. 化学療法、放射線、手術は免疫力を弱める

3. 副作用が少ない

4. 短期間の投与で長期に渡る効果 — 完治も

図 I–37　PD-1 抗体治療はがん治療法の第一選択になるだろう

1. 基礎研究の課題

   1) 有効例と無効例の投与前また直後の判定

   2) 有効率の向上

2. 臨床現場の課題

   1) がん専門医の訓練

   2) 副作用の対応プロトコルの充実

図 I–38　がん免疫治療の当面の課題

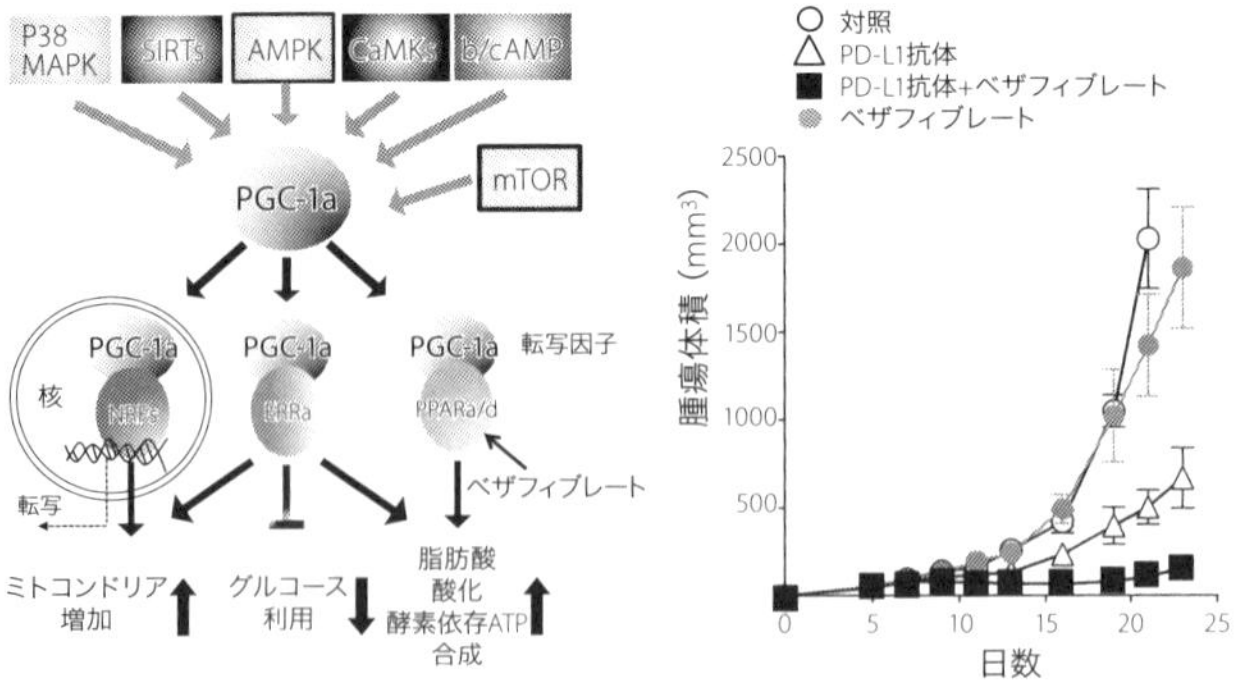

図 I–39　PD-1 抗体治療の強化

腫瘍抑制効果が現れることを茶本健司君らが見出しました。

このような併用効果が生じるのは、T細胞が活性化されると六時間に一度という高頻度の分裂を繰り返すため、大量のエネルギーを必要とするからです。つまりミトコンドリアの活性化が律速段階になるからです。活性化酸素、エネルギーセンサ、AMPK、mTOR、PGC－1αなどの活性化によりT細胞にアクセルが入ります。

このような新展開により明らかになったことは、まずPD－1阻害治療法は、がん反応性T細胞のミトコンドリアを活性化する。次にこれを増強すると、がん治療効果が格段に上がる。従って、最も良い化合物を選び、併用治療をヒトでも試していく必要がある。その結果がん免疫治療法がより効果的になり、また抗体用量を下げられるので経済的となり、一層推進されるようになると思います。

二〇一六年三月に発表された『New Scientist』という英国の科学雑誌の記者が「我々は今、がんにおけるペニシリンの発見ともいうべき時期にいる」と述べています(図I―40)。ペニシリンは全ての感染症を治したわけではないが、それに続く一連の抗生物質の発見によって医学に大変革をもたらし、以前は致死的であった感染症がほとんど消滅したということにたとえたものであります。

がん治療の未来について私の予想は、第一にPD―1阻害を中心とした

PD-1抗体治療によってがん治療は大きな角をまがった

Andy Coghlan (New Scientist, 5 March 2016)

ジェネンテック社
がん部門長Dan Chen氏は、

「我々は今、**がんにおけるペニシリンの発見**とも言うべき時期にいる」と述べた

図 I–40　“CLOSING IN ON CANCER”

- 獲得免疫の仕組みは脊椎動物が病原体から生命を守る戦略として進化した。
  その結果脊椎動物の寿命は飛躍的に延伸。
- 幸運なことに**「がん細胞」**も**変異の蓄積**で**異物**となり獲得免疫のターゲットとなる。

図 I–41　獲得免疫が与えた想定外の幸運

免疫治療の有効性が高まる、第二に全てのがんは免疫力で基本的に治療できる（米国では Cancer MoonShot 2020 という非常に大きなプロジェクトによってがん免疫治療を強化する動きがあります）、第三にがん腫が完全に消失しなくても大きくならない状態が続くこともある、第四にがんは一種の慢性疾患となりコントロールできる時代になるでしょう。

脊椎動物は病原体との戦いの進化で獲得免疫を手に入れた結果、寿命を飛躍的に延ばしました。無限の増殖を続けるがん細胞は変異の蓄積で異物となり、獲得免疫のターゲットとなるということが実証されました。これは進化の過程では想定外の幸運を人類にもたらしました（図Ｉ—41）。

人類は獲得免疫のおかげで感染症を克服し、抗生物質の発見と相まって完全に感染症の恐怖から逃れました。二十一世紀、ＰＤ—１の阻害による免疫治療でがんの克服の可能性が出て参りました。人類はこの幸運を生か

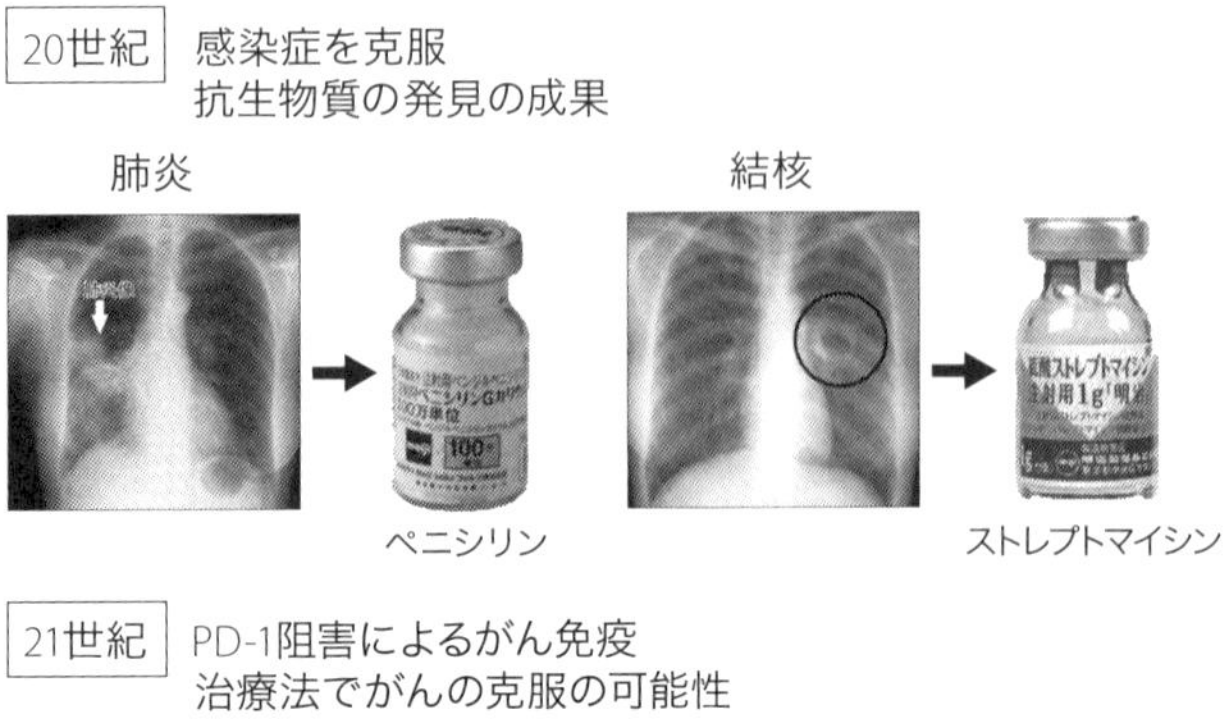

図I–42　獲得免疫力を持った人類の幸運

し、地球の永続的発展に貢献すべきです（図I―42）。

まとめさせていただきますと、まず、多くの幸運が重なり獲得免疫の謎の一端を解明しました。抗体記憶を生む酵素AIDを発見し、その分子機構を解明しました。免疫のブレーキPD―1分子を発見し、PD―1阻害によりがん治療ができることを証明しました。さらに、獲得免疫が発揮する思いがけない幸運で人類はがんを克服できるだろうという展望を述べました。

この研究は、長期間国内外の多くの機関からの援助によって支えられました。厚く御礼申し上げます。

私の研究は長い間の共同研究者、スタッフ、学生、ポスドク、テクニカルスタッフ、秘書などおよそ六〇〇名に亘る研究者の協力なくしてはなし得なかったことです。また、教室以外にも、スウェーデン、米国、フランス等の多くの研究者との共同研究も大きな助けになっております。ここに深く御礼申し上げます。

また、私の勝手気ままな研究生活を支えてくれた家内、子供たち、いずれも暖かくサポートしてくれたことに心から感謝を申し上げます。

ご静聴ありがとうございました。

用語解説　（五十音順）

インターフェロン　Interferon。動物体内で病原体（特にウイルス）や腫瘍細胞などの異物の侵入に反応して細胞が分泌するタンパク質。ウイルス増殖の阻止や細胞増殖の抑制、免疫系および炎症を亢進するサイトカインの一種。医薬品としては、ウイルス性肝炎等の抗ウイルス薬として、また多発性骨髄腫等の抗がん剤として用いられる。

共役因子（コファクター）　他のタンパク質などと協調的に作用をするタンパク質など。

抗原と抗体　抗原とは、病原性のウイルスや細菌、花粉、卵、小麦など、生体に免疫応答を引き起こす物質。抗体は、体内に入った抗原を体外へ排除するために作られる免疫グロブリンというタンパク質の総称。

好中球　白血球の一種で、三種ある顆粒球の一つ。中性色素に染まる殺菌性特殊顆粒を持つ顆粒球で、盛んな遊走運動を行い、主に生体内に侵入してきた細菌や真菌類を貪食殺菌することで、感染を防ぐ役割を果たす。

サイトカイン　細胞間シグナリングにおいて重要な小さいタンパク質の総称。細胞からのサイトカイン分泌は周囲の細胞の挙動に影響する。サイトカインは受容体を介して働き、免疫系において重要な役割を果たす。

単離　様々なものが混合している状態にあるものから、特定の要素のみを取り出すこと。ヒトゲノムDNAは二〇〇三年に解読されたが、それ以前は手元にあるDNA配列が、他のDNA配列とどのような位置関係になっているか、全貌は明らかではなかった。抗体遺伝子H鎖は比較的長く複雑な構造であるため、その構成要素の配列と構造を明らかにすることを「単離する」という。化学的には、混合物から純物質を物理化学的原理に基づいて分離する操作のこと。

単量体 高分子化合物の構成単位。モノマーとも。特に合成高分子の場合は、重合反応によって重合体を合成する場合の出発物質を指す。生化学では、単体で機能を発揮する分子をさす。二量体（二分子が結合して機能を発揮する場合）、多量体（多分子からなる機能的複合体）と対比して用いられる。

チロシン 細胞でのタンパク質生合成に使われる二二のアミノ酸の一つ。略号はＴｙｒまたはY。極性基を持つが必須アミノ酸ではない。tyrosine はギリシャ語でチーズを意味する tyri に由来し、一八四六年にドイツ人化学者のユストゥス・フォン・リービッヒがチーズのカゼインから発見した。官能基または側鎖のときはチロシル基と呼ばれる。

ヒト免疫グロブリン遺伝子 「抗体」の名は、抗原に結合するという機能を重視した名称だが、それは物質としては免疫グロブリン（immunoglobulin）と呼ばれ、「Ｉｇ」と略される。つまり全ての抗体は免疫グロブリンであり、血漿中のγ（ガンマ）‐グロブリンにあたる。

プローブ probe（探針）。一般的には対象を探り、試すための道具だが、生化学実験では目的のＤＮＡやＲＮＡを対象の中から選ぶために、目印をつけた相補的（特異的）な配列のＤＮＡやＲＮＡを使用する。この釣り針的に用いる分子のことをプローブと呼ぶ。

ベザフィブラート Bezafibrate。高脂血症の治療に用いられるフィブラート系薬剤の一つ。血中のＬＤＬコレステロールおよびトリグリセリドを低下させ、ＨＤＬコレステロールを上昇させる。

マクロファージ　白血球の一種で、生体内をアメーバ様に運動する遊走性の食細胞。死んだ細胞やその破片、体内に生じた変性物質や侵入した細菌などの異物を捕食して消化し、清掃屋の役割を果たす。

ミエローマ　骨髄細胞由来の腫瘍で、その多くは抗体産生能を持つ形質細胞の腫瘍。免疫グロブリンを産生するため、免疫グロブリンの構造解析の研究に利用される。

メラノーマ　悪性黒色腫。皮膚の色素細胞（メラノサイト）や、ほくろの細胞（母斑細胞）ががん化したもの。

AID　抗体遺伝子改変酵素。抗体遺伝子を多様化することによって、抗体の機能を増強する。この遺伝子多様化プロセスは、抗体遺伝子座の「クラススイッチ組換え」と「体細胞突然変異（somatic hypermutation）」と呼ばれる、二つの遺伝子改変システムによって行われる。クラススイッチ組換えは、もともとIgMの遺伝情報を持っていた抗体遺伝子座をIgGやIgAを産生できる遺伝子座に改変する組換え。

AMPK　AMP-activated protein kinas。細胞内のエネルギー状態を監視し、その状態に応じて糖・脂質代謝などを調節するセリン・スレオニンキナーゼ、即ち「代謝マスタースイッチ」のこと。低酸素、筋収縮などのエネルギー低下ストレス時に起こるATP低下とそれに伴うAMPの増加によって活性化される。活性化AMPKはエネルギー産生経路（糖輸送、脂肪酸酸化）を亢進し、エネルギー消費経路（タンパク質合成）を遮断することにより細胞内ATPレベルの回復をはかり、細胞内のエネルギー恒常性の維持に貢献する。

B細胞とT細胞　B細胞は体液性免疫の中心となるリンパ球の一種で、抗体産生細胞へと分化する細胞。分化したB細胞は表面に免疫グロブリンを持ち、これが特定の抗原を認識する受容体になる抗原を認識したB細胞は増殖し、抗体産生細胞に分化する。一方、T細胞はリンパ球の一種で、骨髄の幹細胞に由来し、胸腺で分化する免疫担当細胞。同じ骨髄幹細胞由来のB細胞と形態的に酷似するが、B細胞の抗体産生細胞への分化を助けるヘルパーT細胞、抑制する制御性T細胞、標的細胞を破壊するキラーT細胞などに分類される。T細胞はB細胞と違い抗体をつくらないが、抗体産生を間接的に調節する役割を担い、細胞性免疫の主役となる。

CD28　Cluster of Differentiation 28。T細胞の活性化および生存に必要な共刺激シグナルを提供するT細胞上で発現されるタンパク質の一つ。T細胞受容体（TCR）に加えてCD28を介したT細胞刺激は、様々なインターロイキン（サイトカインで、白血球によって分泌され、細胞間コミュニケーションの機能を果たすもの）産生の増強を促す。

cDNA　相補的DNA（complementary DNA）。mRNAから逆転写酵素を用いた逆転写反応によって試験管内で合成された一本鎖のDNA。遺伝子の上でタンパク質に翻訳される領域の配列が開始コドン（codon：核酸の塩基配列が、タンパク質を構成するアミノ酸配列へと生体内で翻訳されるときの、各アミノ酸に対応する三つの塩基配列）から終止コドンまで一続きに含まれているため、タンパク質の一次構造（アミノ酸配列）を解明する出発点として、また人工的にタンパク質を発現させる目的で単離される。

CDR1、CDR2　CDRは、相補性決定領域（complementarity determining region）の略称で、それぞれB細胞およびT細胞によって作られる免疫グロブリン（抗体）およびT細胞受容体中の可変鎖の一部。これらの分子は相補性決定領域で特定の抗原と結合する。分子で最も変化しやすい部位であるため、CDRはリンパ球によって作られる抗原特異性の多様性のためにきわめて重要。

CTLA—4　T細胞表面の分子で、活性化T細胞あるいは制御性T細胞に多く発現する。細胞外ドメインは副刺激分子CD28と近似しており、樹状細胞上のCD28リガンド（CD80やCD86）と競合する。CD28はT細胞の増殖や活性化に必要な副刺激シグナルを発生する、CTLA—4はこれを抑制する。通常のT細胞ではCTLA—4は刺激後に誘導されるためにT細胞活性化の負のフィードバック制御因子としてとらえられてきた。

hnRNP K と hnRNP L　いずれもhnRNPファミリータンパク質に分類されるRNA結合タンパク質。hnRNA（heterogeneous nuclear RNA）と複合体を構成する。hnRNPファミリータンパク質は、転写後プロセシングを受ける前の核内に留まる一本鎖RNAに結合するタンパク質として同定された一群のRNA結合タンパク質。hnRNP A1〜Uまでおよそ二〇種類が知られている。

ICOS　Inducible T-cell co-stimulator。誘導性副刺激分子としても知られているCD278抗原は55—60 kDaのジスルフィドホモ2量体T細胞表面糖タンパクであり、CD28とCTLA—4細胞表面レセプターファミリーに属する。CD278分子は、細胞間信号伝達・免疫応答・細胞増殖の調整に重要な役割を果たす。

IgMクラス、IgGクラス、IgAクラス　ヒトの抗体には大別してIgM、IgD、IgG、IgA、IgEの五種類があり、これを抗体のアイソタイプと呼ぶ。抗体はH鎖（heavy chain：抗体を構成するサブユニットのうち、分子量の大きい方）とL鎖（light chain）からなるが、アイソタイプはH鎖によって決定される。各アイソタイプの性質や役割は大きく異なる。IgMは抗原の侵入に対して最初に産生される抗体で、ヒト免疫グロブリン（抗体）の約一〇%を占める。IgGは血液中最も多い抗体で、ヒト免疫グロブリンの七〇―七五%を占め、危険因子の無毒化、白血球やマクロファージによる抗原・抗体複合体の認識に重要。IgAはヒト免疫グロブリンの一〇―一五%を占め、血清、鼻汁、唾液、母乳、腸液に多く含まれる。母乳に含まれるIgAは新生児の消化管を病原体から守る。

mRNA　メッセンジャーRNA。伝令RNAとも。RNA（リボ核酸）の一種で、遺伝子であるDNA（デオキシリボ核酸）の塩基配列を鋳型としてRNAポリメラーゼという酵素により合成され、鋳型DNA鎖と相補的な塩基配列をもつ。細胞の核内で合成されてから細胞質に出され、リボソーム上に結合し、タンパク質合成における鋳型として使用される。タンパク質のアミノ酸配列を指定する遺伝暗号の役割を果たす。

mTOR　哺乳類などの動物で細胞内シグナル伝達に関与するタンパク質キナーゼ（セリン・スレオニンキナーゼ）の一種。酵母を用いたスクリーニングでラパマイシンの標的分子として発見されたため、TOR（target of rapamycin）つまり「ラパマイシン標的タンパク質」の略称として命名された。後に哺乳類のホモログが見出され、同定した研究者らによりFRAP1、RAFT1などと命名されたが、一般にはmTOR（mammalian TOR：哺乳類のTOR）との呼称が普及した。その後、様々な生物種でTORホモログが広く同定されたのを受け、HUGO遺伝子命名法委員会（HGNC）が二〇〇九年に本遺伝子の公式名をMTOR（mechanistic target of rapamycin）に決定した。

ＰＤ―１　Programmed cell death 1。活性化Ｔ細胞の表面に発現する受容体（またはその遺伝子）のこと。一九九二年にＴ細胞の細胞死誘導時に発現が増強される遺伝子として研究開始時にはまだ京都大学本庶佑研究室の大学院生であった石田靖雅らによって同定・命名された。Ｔ細胞は胸腺で作られるが、その際自己攻撃性を獲得した危険なＴ細胞がアポトーシスで自死する際に重要な役割を果たすものであって欲しい、という願いをこめて、Programmed Cell Death 1と命名された。

ＰＧＣ―１α　Peroxisome proliferator-activated receptor γ coactivator-1α。ＰＧＣ１αとも。栄養状態に応答した代謝調節に重要な転写制御因子で、ミトコンドリアの呼吸鎖に関わる遺伝子の転写を調節する機能が有名。しかし、ＰＧＣ―１αのノックアウトマウスは、飢餓応答で違いは出るものの、この機能から想定されるほどには大きな表現型の変化を示さない。

ＳＳ結合　ジスルフィド架橋（disulfide bridge）。硫黄二分子が -S-S- のように共有結合した構造をさす。例えばシスチンはアミノ酸であるシステイン二分子がそのＳ基でＳＳ結合したものである。タンパク質もその構成アミノ酸が持つＳ基同士がＳＳ結合を作るために特有の立体構造を作る。

II

幸福の生物学

2007. 4. 22

はじめに

稲盛財団を創設された稲盛和夫理事長は、自然科学と人文社会科学を統合的に発展させることが人類の幸せにとって重要であるとのお考えで、私もまったくそのとおりだと考えております。

そもそもサイエンスはいつ頃から二つの大きな分野に分かれてしまったのか。ソクラテスやアリストテレスといったギリシャ時代の人々は自然科学や人文というような区別を意識していなかったでしょう。物事を統合的にとらえようとし、万物の根源的な原理は何かを考えていたと思います。おそらく近世初頭のニュートン、ライプニッツ、あるいはデカルト、カント、ヘーゲルの辺りではっきりと分かれてきたのではないでしょうか。

そこで、現代的な意味でもう一度、自然科学と人文社会科学を統合することが可能かどうか。私は生物学者なので、生物学の視点から人類にとって最大の命題である「幸福とは何か」を考えてみようと思います。きわめて個人的な偏見に満ちた提案ですが、自然科学の側から人文科学へ、このような形でもう一度一体化できるのではないかというプロポーザルであり、けっして人文科学を否定したり批判したりするつもりはありません。ただ多くの方々から手厳しいご批判をいただくことは覚悟の上で、少し思い切った話をさせていただきたいと思います。

1　遺伝子と生命

生物にとって最大の価値は「生きる」こと

まず、「幸福とは何か」。すべての人が文明史の始まった頃から、「幸せとは何か」と考えてきました。逆に言うと、どうしたら人は幸せになるのか。このことは生きるための根本的な命題と言って間違いないと思います。私はそれほど多くの哲学書を読んだわけではなく多少かじった程度ですが、基本的に、「幸せ」の根底には「心地よい」状況があることは多くの人が認めています。「心地よい」、すなわち快感を得ることが幸せ感の根底にある。この幸せ感はどのようにして得られるかを生物学的に考えてみます。

生物の定義は何か。大仰な質問ですが、その答えは簡単で、「生きているもの」が生物であります。生物はその全存在をかけて「生きる」ためのあらゆるストラテジーを積み上げてきました。その上に今日の生物があります。

生物は「生きる」ために、生殖欲、食欲、競争欲という三つの欲を満たします。「心地よい」という快感の素を生物学的に定義すると、これらの欲望が満たされた時に生物は快感を覚えます。そして、快感は生命の三要素である自己複製（子孫を残す）、自律性（自分の体を一定の状態に保つためにエネルギーを摂る）、適応性（外的から身を守る、逃げる）と非常に密接な関係があると私は考えます。

生きることと快感の連動が進化を促した

なぜ、快感と生きることとの基本的な要素がリンクしているのかを考えてみたいと思います。これは逆のことを考えてみればよいのではないでしょうか。もし生殖欲を満たしても快感を覚えないとしたらどうでしょう。子孫を残すことに大きなモチベーションを感じず、自己複製が義務となった場合、そのような生物は繁殖して子孫を残すことができないのではないでしょうか。同様に、食欲を満たすことによって体を一定の状態に保ち、成長や活動など生きることの根源を支えることができる。つまり、快感と生きる上での基本要素を満たすことが連動するように進化した生物が生き残ってきた。この連動がない生物は、生殖能力も食物を捕らえる能力も、またそれを感じる能力も低いがゆえに地球上から姿を消していったと考えることはできないでしょうか。

いきなりこういう仮説を押しつけるのも乱暴な話なので、生物学を専攻されていない方のために、生物の進化についての基本的な考え方の概要をご紹介した上で、もう一度この命題に還りたいと思います。

生物は情報からできている

一九〇〇年代には、生物は非常に神秘的な存在であって、生物学は物理学などと比べると得体のわからぬ低次元の学問であると考えられていました。ところが、二十世紀の半ばに分子生物学や生化学が発展して、「生命体は分子からできている」という考え方が主流となりました。今日、二〇〇〇年代においては、生物は情報の集積体であるととらえるのが正しいと思います。つまり、生物は生きるためのノウハウを情報として自分の中に持っており、必要な時にその情報を取り出して様々なことに対応しているのです。

生物の情報は大きく二つの種類に分かれます。一つは先天的な情報であり、ゲノムというDNAの総体の中にA、G、C、Tという四種類の文字の配列として蓄えられています。この情報は三六億年という長い生命の進化の過程で書き換えられたりつなぎ合わされたりと、様々な変遷を経て今日の姿になっています。

もう一つは後天的に獲得した情報で、まず記憶が大脳に蓄えられています。さらに免疫系というシステムの中には、どのような抗原に出会ったかがきちんと記憶されていて、ワクチンで記憶を積極的に与えてやることもできます。病態とは、このような先天的な情報と後天的に獲得した情報がミスマッチして異常な情報として蓄積されている状態だととらえることも可能です。

遺伝子変異と病気のメカニズム

遺伝子の暗号とは、A、G、C、Tの四種類の文字を三つ並べてアミノ酸を表し、アミノ酸の配列でタンパク質の構造を、タンパク質の構造によってその機能を規定しており、こういう形で生物の情報は遺伝子に記載されています（図Ⅱ―1）。

例えば、ヘモグロビンの遺伝情報が模式的に書かれた図Ⅱ―2を見てみます。○、□、△と◇が四種類の塩基を表し、これらのうち三つの配列によってアミノ酸が規定されます。このうち一つの遺伝子が○から◇に変わることによって、グルタミン酸がバリンに置き換えられると、できるタンパク質が変わり、その結果、赤血球の形が変わり、それが血管に詰まって貧血症が起こる。つまり、情報のわずかな違いによって病気になる。これ

遺伝子の暗号	アミノ酸
T T T	フェニルアラニン
T T A	ロイシン
G C T	アラニン
G A A	グルタミン酸
A A A	リジン

図 II–1　遺伝子の暗号

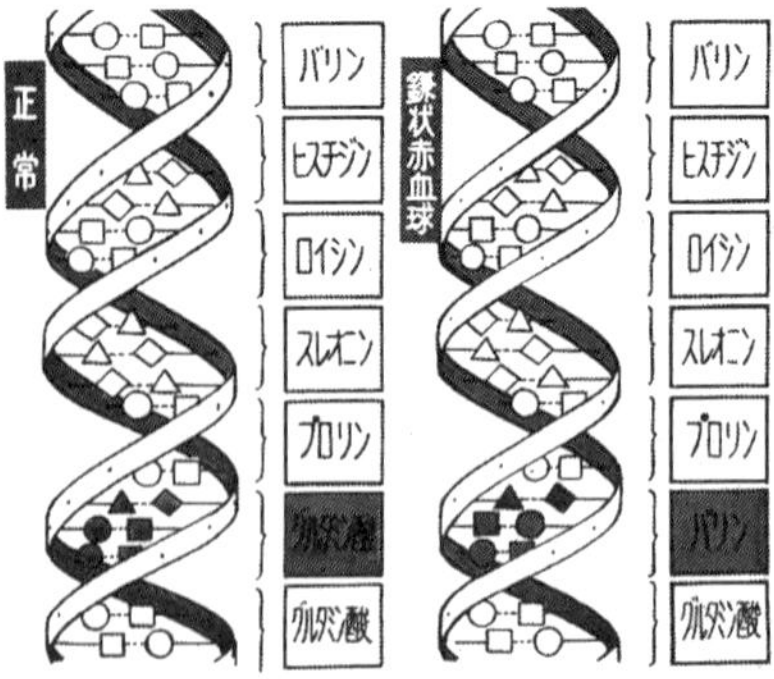

図 II–2　鎌状赤血球へモグロビンの異常と DNA の塩基配列の変化

が先天的な遺伝病です。ところが、多くの場合は、単純に先天的な一つの異常で病気になるのではなく、様々な遺伝子のわずかな変異の蓄積プラス環境要因によって病気になることが今日明らかになっています。

すべての生命体は遺伝的に規定されている

生物学は物理学ほど演繹的ではありませんが、生物学として動かせない大きな原理があります。それは、「すべての生命体は遺伝的に規定されている」こと、さらに「遺伝情報は核酸（DNA／RNA）の塩基配列で規定される」ということです。DNAあるいはRNAの遺伝情報を持たない生命体はありませんし、その存在様式はすべてゲノムの中にあります。

この意味において、生物学と物理学は明らかに違います。物理学ではあるものが存在しないことは証明不可能です。つまり計測ができないことと

「ない」ことはまったく違うというのが物理学の常識ですが、生命科学ではゲノムの中にないものは「ない」とはっきり言えます。生命現象を研究することは、有限の枠組みの中で物事を見ていることだとも言えます。物理学から見ると単純な学問かもしれませんが、有限であるにもかかわらずこれだけ複雑だということは、きわめて奥が深い学問であるとも言えるわけです。

この二つの原理をさらに規定するものとして、「メンデルの遺伝の法則」と「ダーウィンの進化の原理」という二大法則があります。生命科学で絶対に破られない原理といえば、おそらくこの二つではないかと思います。

2　進化における遺伝子の選択

ダーウィンの進化の原理

今日お話しすべきは、「ダーウィンの進化の原理」についてです。ご承知のように、ダーウィンの考えが出る前には、進化に対するいろいろな考え方がありました。

その代表例は、ラマルク（Jean-Baptiste Lamarck）というフランスの学者が唱えた「用不用説」と呼ばれるものです（図II—3）。よく使う器官は次第に発達し、使わない器官は次第に衰えて機能を失う。この過程で獲得した形質のごく一部が子孫に伝わり、それが次第に積み重なる。だから、高い所の物を食べているキリンはだんだん首が長くなったという考え方です。ところが、ワイスマン（August Weismann）という人が、マウスのしっぽを切断した後に交配し、生まれた仔に対しても同様の作業を二十二世代にわたって繰り返してもしっぽの長さには変化が生じないことを示し、「用不用説」を否定しました。

今日の主流は、皆さんもご承知のとおり、ダーウィンの遺伝変異と淘汰による進化論です。生物の持つ性質は同じ種であっても個体間で異なり、それは親から子へ伝えられたものです。そして、ある与えられた環境で子孫を全部生き残らせることは不可能で、有利な形質を持つものが生き残ってその遺伝子を遺し、それが蓄積されることで進化が起こる。これが今日の基本的な進化の概念です。

ダーウィンの進化の原理を一言で言いますと、遺伝子の変異はランダム

Jean-Baptiste Lamarck
(1744-1829)

August Weismann
(1834-1914)

よく使う器官は次第に発達し、使わない器官は、次第に衰え機能を失う。この過程で獲得した形質のごく一部が子孫に伝わり、何千、何万年の蓄積が大きな変化につながる。

→

マウスの尾を切断後、交配、生まれた仔に対しても同様な作業を22世代に渡って繰り返し、ネズミの尾の長さに変化が生じないことを示し用不用説を批判。

図 II–3　ラマルクによる用不用説

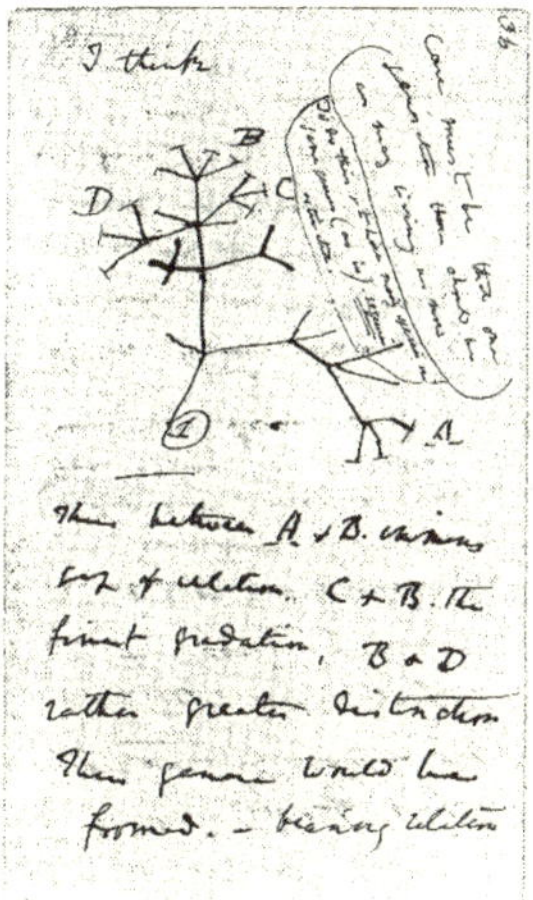

図 II–4　ダーウィンが種分岐のアイディアを書いたノート。ノートブックBとよばれるもの。（Darwin Papers :DAR121, p.36. By permission of the Syndics of Cambridge University）

に起こり、予測できないけれども、その中で環境に適応した変異遺伝子を持った個体が生き残るということです。それが繰り返され蓄積されていって進化が起こることは、ほぼ実証されていると言っても過言ではないと思います。

図Ⅱ―4はダーウィンが描いたと言われる種の分岐に関するスケッチです。このように変異体が次々と出ていって、その中からいわゆる「適者生存」の考えが生まれていったわけです。

分子で辿る進化の歴史

さて、適者生存の考えを自然科学としてどのように実証するのか。最も古典的な手法は、化石の記録を辿ることです。地球の誕生は四五億年前、最初の化石は三六〜三七億年前と言われますが、まず藍藻類が出てきました。これが次第に多様化して多細胞生物ができ、カンブリア紀に多様な生物種が地球上に生まれて、恐竜の滅亡後、哺乳類が地球上の支配者あるいはマジョリティーになった。これが化石を基にした進化の歴史の概略です。最近、恐竜と鳥類を結びつける始祖鳥の化石が、確か中国で見つかり、非常に大きな反響を呼びました。

その後、化石ではなく、分子のレベルで進化の度合いを計測できることがわかりました。いろいろな種のヘモグロビンの分子構造を比較して、変異の度合いを縦軸に、化石からわかった分岐時間を横軸にとって並べてみますと、非常に美しく直線状に並びます（図Ⅱ―5）。このことから、分子の変異の度合いを計測することによって種の分岐を予測する「分子時計」の概念が生まれました。

遺伝子を用いることによって、さらに詳細な生物種の進化の歴史を語ることができます。図Ⅱ―6で示しているのは、哺乳類、鳥類、両生類など

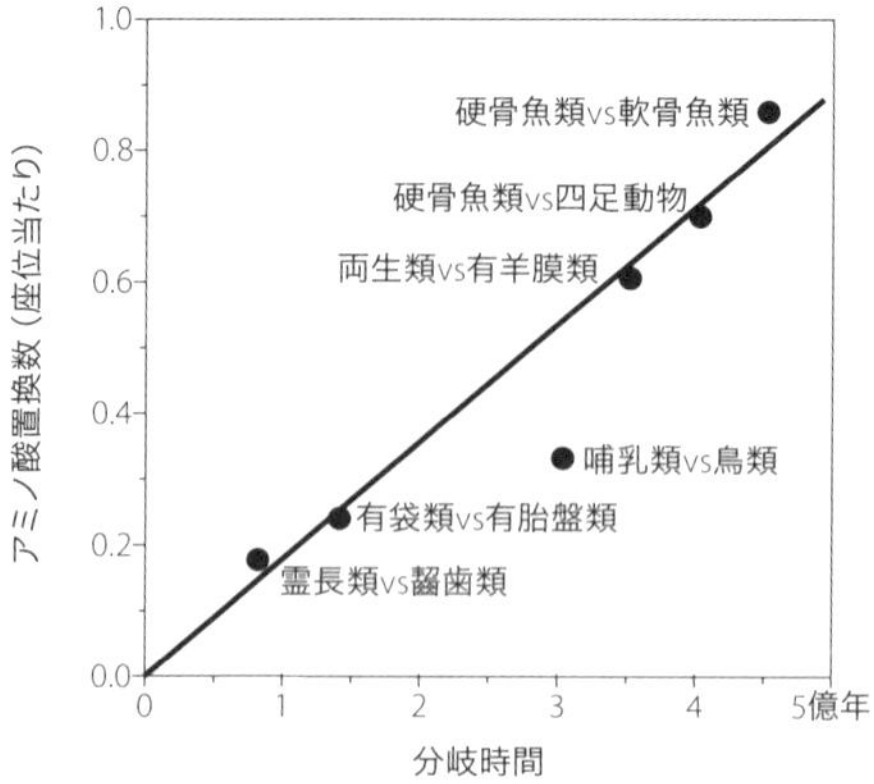

図 II–5　ヘモグロビンの分子時計

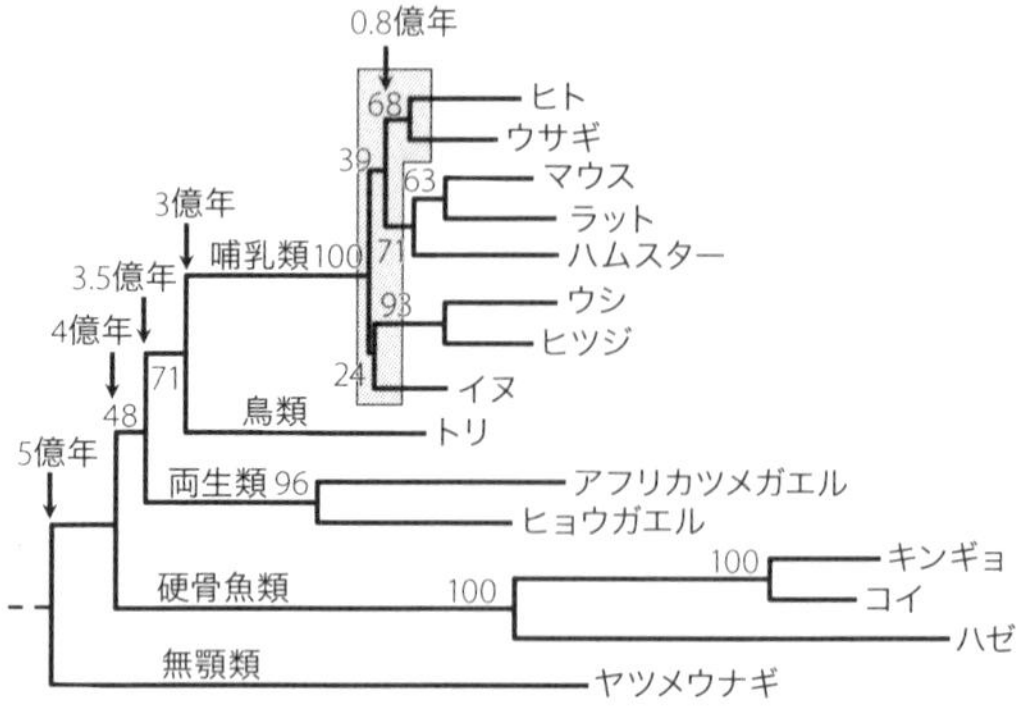

ロドプシンで推定された脊椎動物の系統、化石から推定されている、5つの綱および哺乳類の異なる目の分岐時期も示した。網かけの部分の分岐の順序ははっきりしない。

図 II–6　遺伝子の比較で生物種の系統樹が書ける

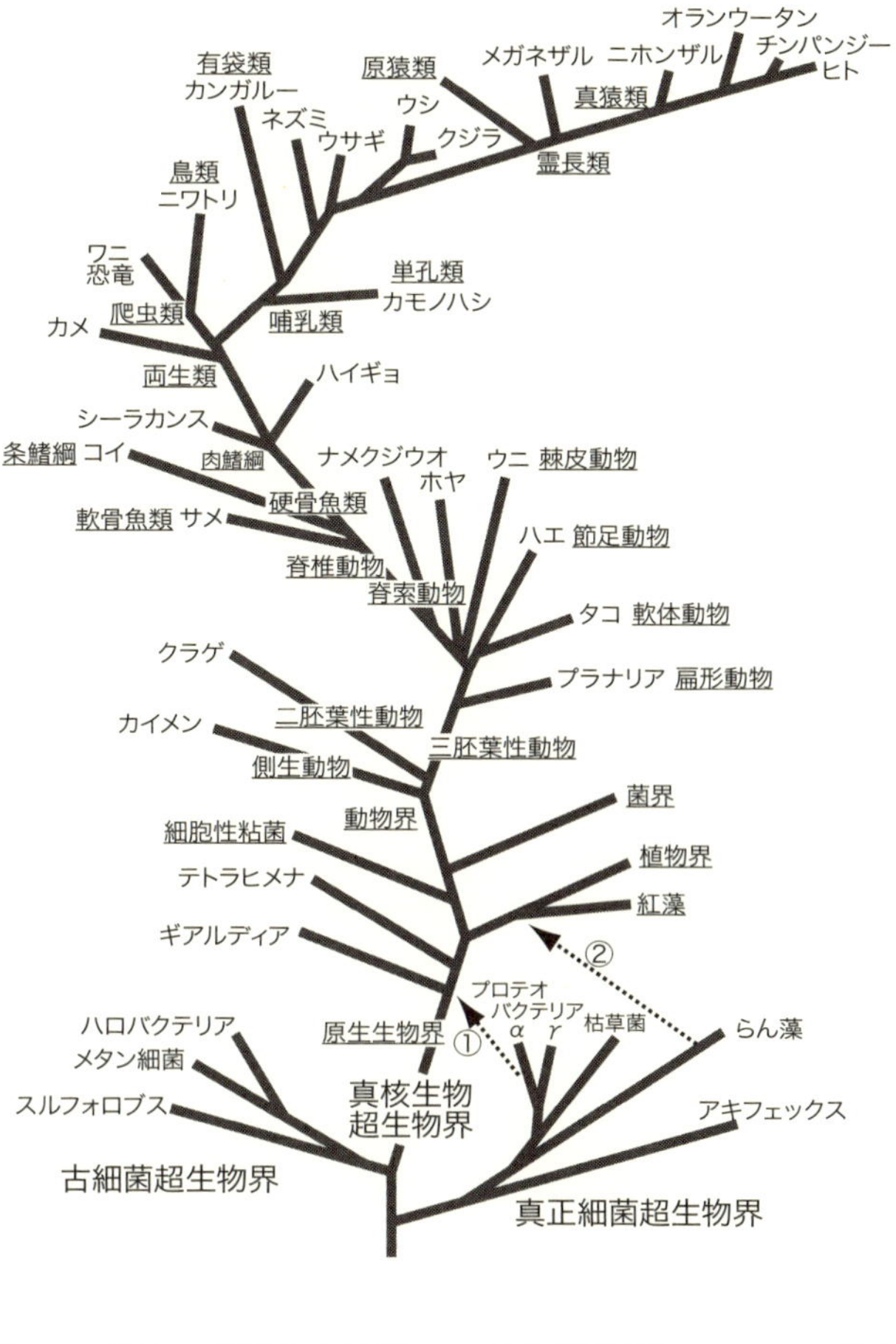

図 II–7　分子で再現された地球上の全生物の系統樹　ヒトに至る枝を詳しく記してある。矢印の①と②はそれぞれミトコンドリアとプロロプラスト（葉緑体）の共生を示す。

脊椎動物の分かれてきた年代をロドプシンという光レセプターの遺伝子の比較から分析したものです。この方法を全生物種に適用して作った系統樹（図Ⅱ—7）で見ると、原始の生物から細菌、脊索動物、脊椎動物を辿ってヒト、チンパンジーに至り、その間、多くの生物が現れては消えています。特にカンブリア紀に現れたほとんどの生物種は、今日地球上に残っていないことがわかっています。

進化は計画的には進行しない

進化が遺伝子のランダムな変異によって起こり、計画的には進行しないということを実証するような知見があります。例えば、光レセプターには、白黒の感受性を持つ分子と、赤・緑・青の三原色を感受する分子がありますす。これらを進化的に眺めてみますと、実はカラーの色覚のほうが先で、

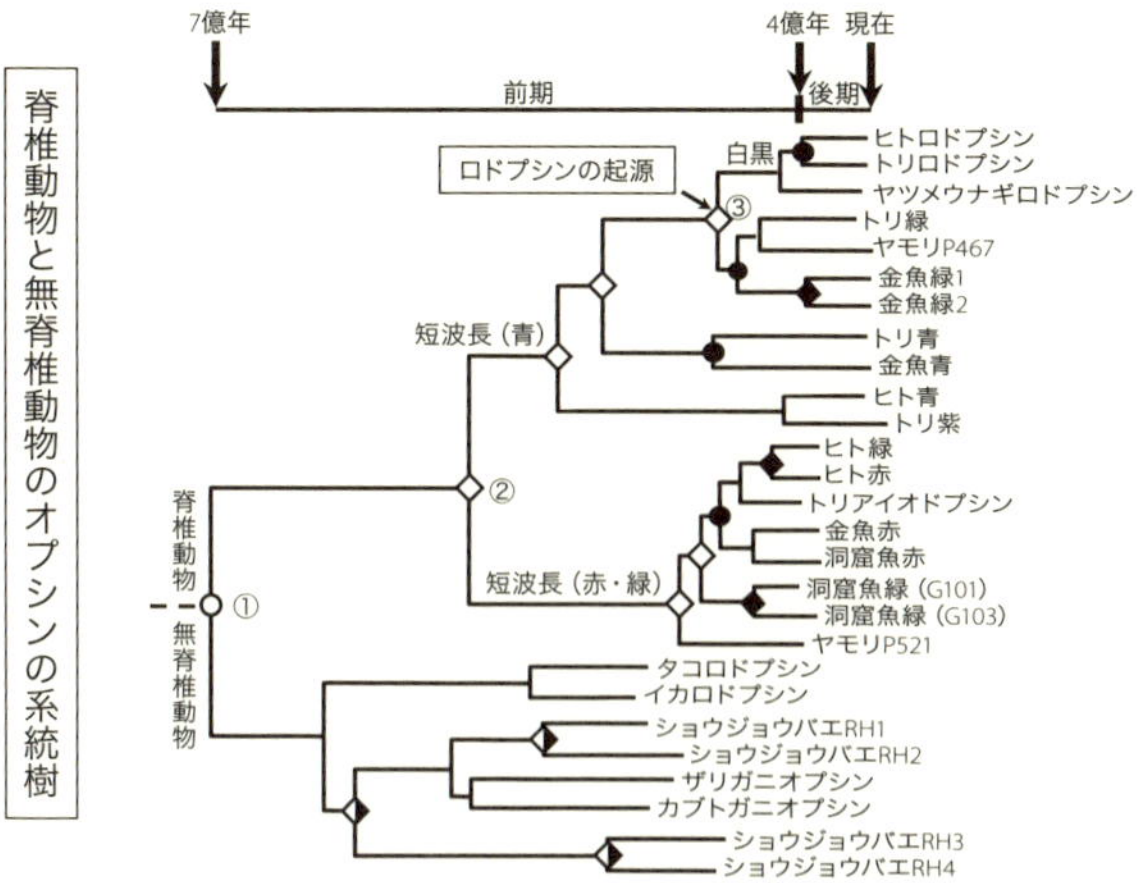

図II–8　カラー色覚の方がモノクロより先に進化した

白黒を検出するロドプシンという分子は後から出てきたことがわかっています（図II—8）。テレビは白黒が先に出て後からカラーになりましたが、生物の進化は逆なのです。というのも、カラー認識は哺乳類以前にすでにありましたが、新世界ザル以前のサルは夜行性だったために、暗い中でほのかな光でも感じられる白黒の認識の方が都合が良い。そこで、これらのサルは三原色を認識することができないように進化しました。ところが、昼間移動する類人猿になって、いったん失われた遺伝子が機能を回復し、その子孫が増えていったというのが、我々の祖先における光感覚の変遷です（図II―9）。我々の視覚はけっして計算どおりに進化したものではないのです。

もう一つ、計算どおりにいっていない非常に奇妙な進化の例をご紹介します。図II―10の左はヒトの眼の断面で、角膜とレンズがあって、眼房水が溜まっており、網膜があります。右のイカの眼も非常によく似た構造をしています。いずれもレンズの中にクリスタリンという分子が詰まっていて、レンズのある一定の凸型を保持します。ご承知のように、レンズの焦点は両方から筋肉で引っ張られることで調節されます。

このクリスタリンに必要な特性は、（1）安定性、（2）可溶性、（3）透明性、（4）無毒の四つです。その四つさえ備えていれば、あとは何でもよい。例えば、ヒトやラットではアルギニンコハク酸分解酵素、アヒル

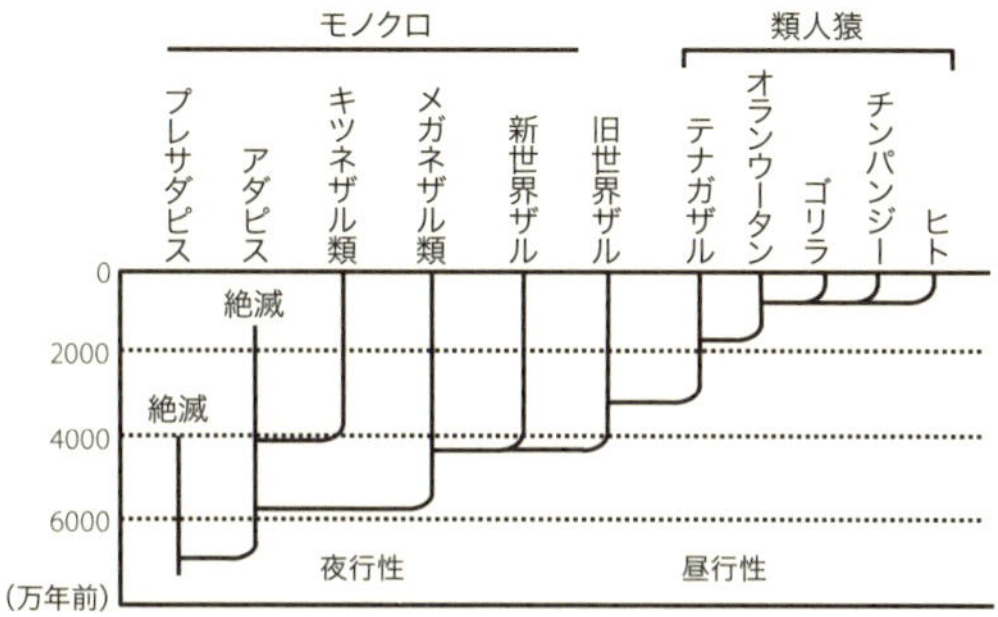

霊長類の進化、夜行性と昼行性のおおざっぱな区別もされている。

図 II–9　カラー色覚は一度失われ、また回復した

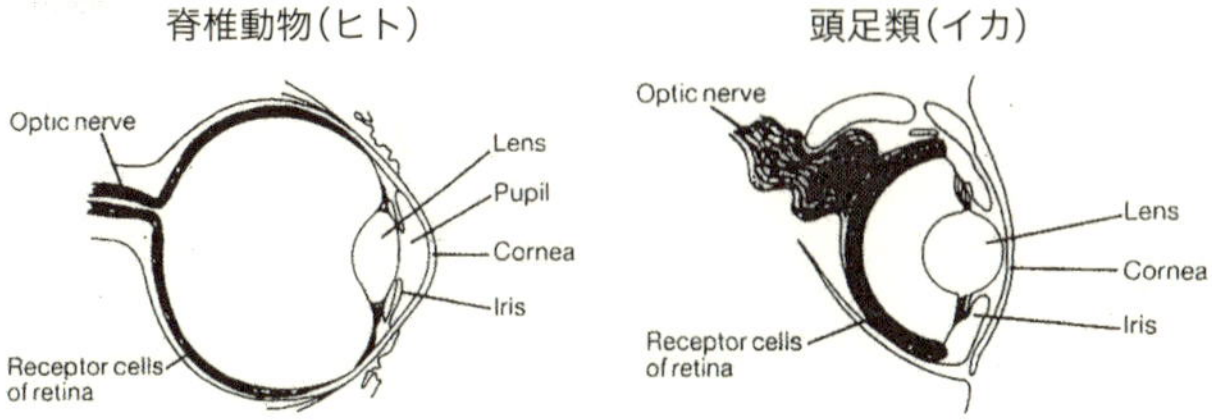

図 II–10　ヒトとイカの眼の構造

ではラク酸脱水素酵素、エノラーゼ等、実に様々な生化学的機能を持つ酵素がレンズに詰め込まれていますが、レンズの中でその機能を発揮しているとは思えません。これはどういうことかというと、おそらく先に挙げた四つの性質をもつタンパク質なら何でも良いので、たまたまそこにあった遺伝子をレンズ内に使ったのではないか。実験的に証明するのは難しいのですが、どうもこれは遺伝子の流用と考えるのが合理的ではないかといわれています。このように生物は、物理学から見るときわめていい加減で行き当たりばったり、その時良ければ良し、後で何とかなるだろうという形で進化してきているということです。

突然変異遺伝子の選択

しかし、進化の過程における「選択」は非常に重要です。例えば、ヘモ

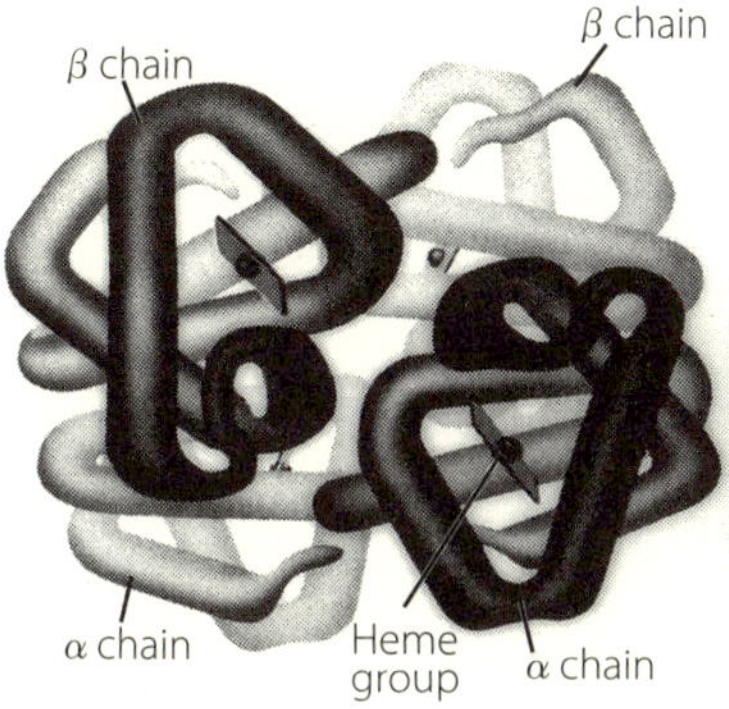

図Ⅱ−11　ヘモグロビンの構造

グロビンはβ鎖が二本、α鎖が二本の中にヘムという部分があって、そこで酸素を結合・解離することによって肺で獲得した酸素を全身の末梢組織に運ぶ役目をするきわめて重要な分子です（**図Ⅱ—11**）。先程ご紹介したように、β鎖の遺伝子のうち一個の塩基が置換されることでアミノ酸が変わります。この変異を父親と母親の両方からもらった人は鎌状赤血球症という病気になります。普通の赤血球は円盤形をしていますが、鎌のような形になります（**図Ⅱ—12**）。このような形では細い毛細管に引っかかり、赤血球が壊れてしまいます。その結果、酸素を運ぶ機能が体全体で著しく低下する貧血症ということになります。

なぜこのような遺伝病が今日存在するのか。これに関しては非常に面白い現象が見つかっています。鎌状赤血球症の遺伝子を持つ人は赤道直下のインド、アフリカに非常に多い。これはマラリアの分布と非常によく一致しています（図II―13）。なぜかと言うと、この遺伝子を両親から受け継いだ人は病気になりますが、片方の親からのみもらった人はマラリアに抵抗性があるのです。つまり、マラリアが蔓延している地域では、この遺伝子を片方持っている人が生存に有利であった。その結果、これらの地域で鎌状赤血球症の遺伝子を持った人の割合が多い。このように、マラリアという環境要因によって突然変異遺伝子が選択されてきたのではないかと考えられています。ところが、不幸にしてアメリカに連れ去られたアフリカ人の子孫にとって、マラリアがない地域でこの遺伝子を持つことはまるで

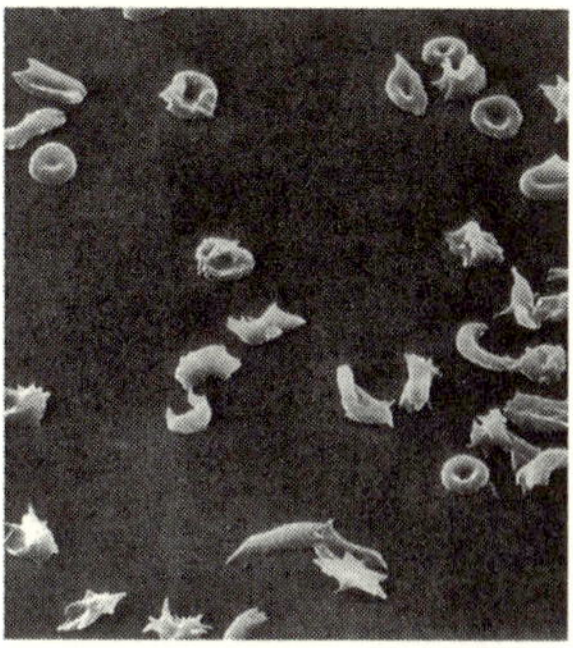

鎌状赤血球形質を有する人の赤血球は、異常に低濃度の酸素に暴露されると、この走査型電子顕微鏡写真が示すように変形することがある。
(Courtesy of Patricia Farnsworth.)

図 II–12　鎌状赤血球

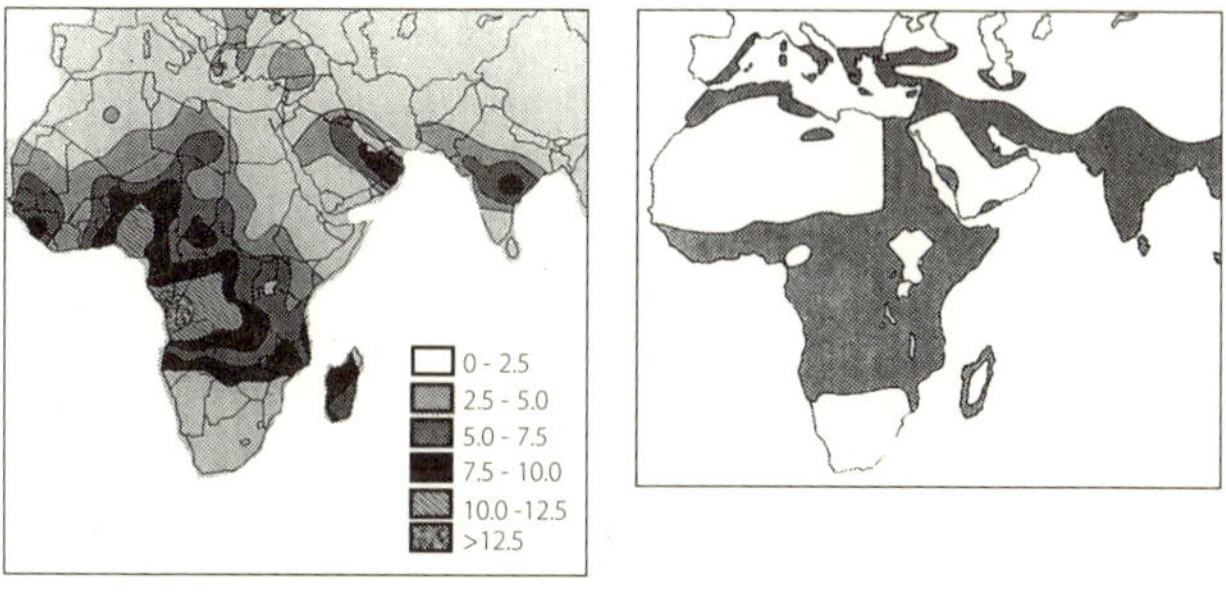

図 II–13　鎌状赤血球症遺伝子の頻度分布(左)、マラリア原虫の分布(右)

CCR5遺伝子のΔ32と呼ばれるポリモルフィズムをもつ人はHIV-1感染後、AIDSの発症が対照群に比較して大幅に遅れることが示されている。**CCR5Δ32がペストの感染に耐性を示すことに加えて、中世以降にヨーロッパでCCR5Δ32の頻度が増加したことから、ペストの流行がCCR5Δ32の自然選択の推進力となったとする研究者もいる。**

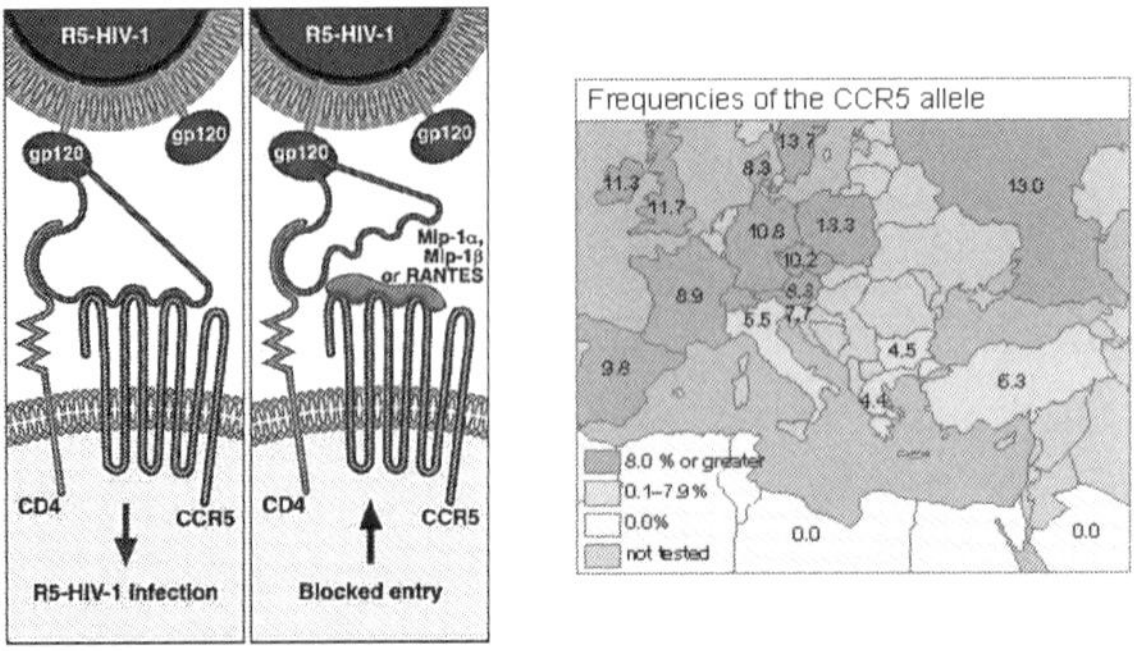

図 II–14　ポリモルフィズムと「適者生存」

意味がなく、貧血症を引き起こす有害な遺伝子でしかないというわけです。

　突然変異遺伝子の選択に関しては、もう一つ例があります。細胞膜表面でいろいろな細胞を遊走させる時の信号を伝えるＣＣＲ５という分子が、実はＨＩＶ（後天的免疫不全症）の感染に対して抵抗性を持つことが最近わかりました。この突然変異遺伝子を持つ人は、ヨーロッパに多くてエジプトでは非常に少なく、ペストに感染しにくいことがわかってきました。ヨーロッパではペストの大流行が何回か繰り返された結果、たまたまCCR5遺伝子の変異が起こり、その変異遺伝子が生き残ってきた（図Ⅱ—14）。それが今日、HIVに対しての抵抗性を持つに至ったということです。このように、ヒトに関しても、突然変異遺伝子の選択の結果として説明できる現象があります。

3　幸福の要素

ヒトの起源

さて、そろそろもう一度話をヒトに戻す必要があります。ヒトの起源はおよそ七〇〇万年前ではないかと思われます。図II―15は、七〇〇万年前に生息したヒトの祖先にきわめて近いと考えられる生物の骨とその復元像です。分子から推定した系統樹と化石から推定した系統樹は、実は少し違っています。化石から得られるデータでは、ヒトがチンパンジー、ゴリラ、オランウータンとどこかで分かれたことは明らかですが、どこで分かれた

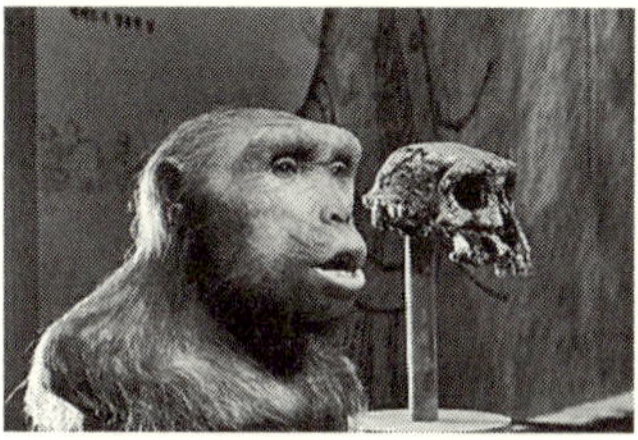

チャド共和国ジュラブ砂漠から発掘された700万年前に生息した人類最古の祖先の頭蓋骨と復元像（Brunetら、2005）

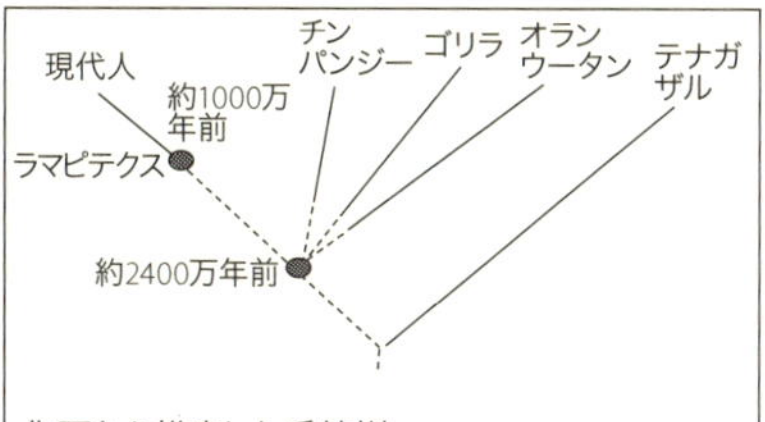

化石から推定した系統樹

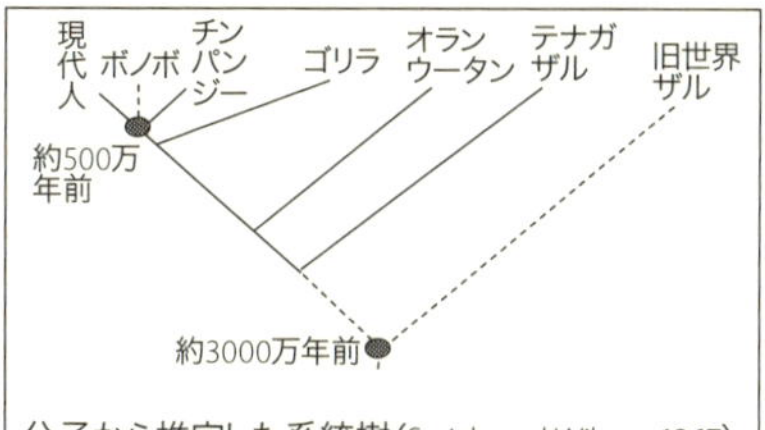

分子から推定した系統樹（Sarich and Wilson, 1967）

図 II–15　ヒトの起源

かを推定するのが非常に難しい。一方、分子的にＤＮＡの解析から推定した系統樹においては、約五〇〇万年前にチンパンジーやボノボの系列から現代人が分かれたのではないかと考えられています。ゴリラとはそれより前、オランウータンとはもっと前に分かれたというのが今日の通説です。まだ完全な塩基配列は特定されていませんが、最近の話では、どうもボノボ（ピグミーチンパンジー）が人類に一番近いのではないかと言われています。

現代人の起源については諸説ありますが、他地域起源説と単一起源説の二つに大きく分けられます（図Ⅱ―16）。前者は、アフリカ、ヨーロッパ、アジアでそれぞれ多元的に人類の祖先が生じたという考え。後者はアフリカを中心とした大地溝帯辺り（この辺りは化石がよく出るところです）で、人類の誕生が起こり、そこから多くのところへ分かれていったという考えです。しかし、ミトコンドリアのＤＮＡを比較することによって、人類共通の祖先はやはりアフリカのどこかで誕生したヒトにつながるとするデータが一

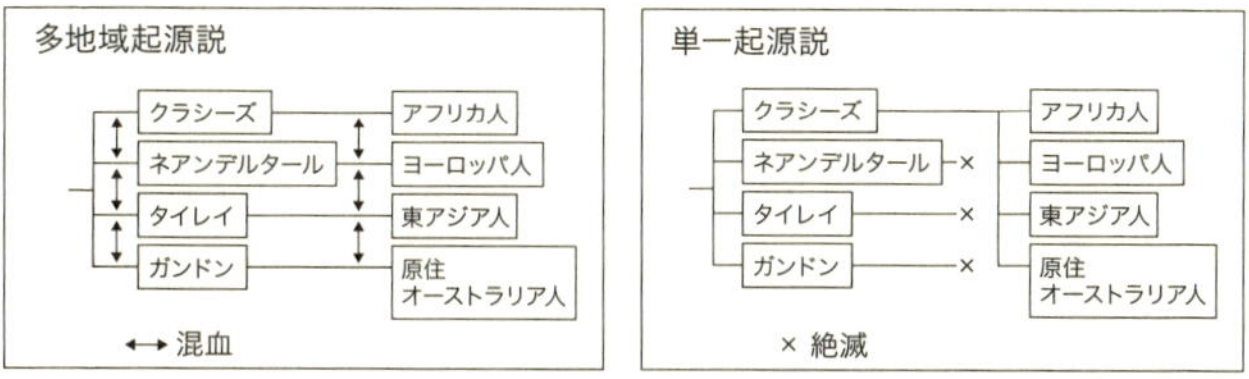

ミトコンドリアDNAで推定した現代人の系統樹は単一起源説を支持

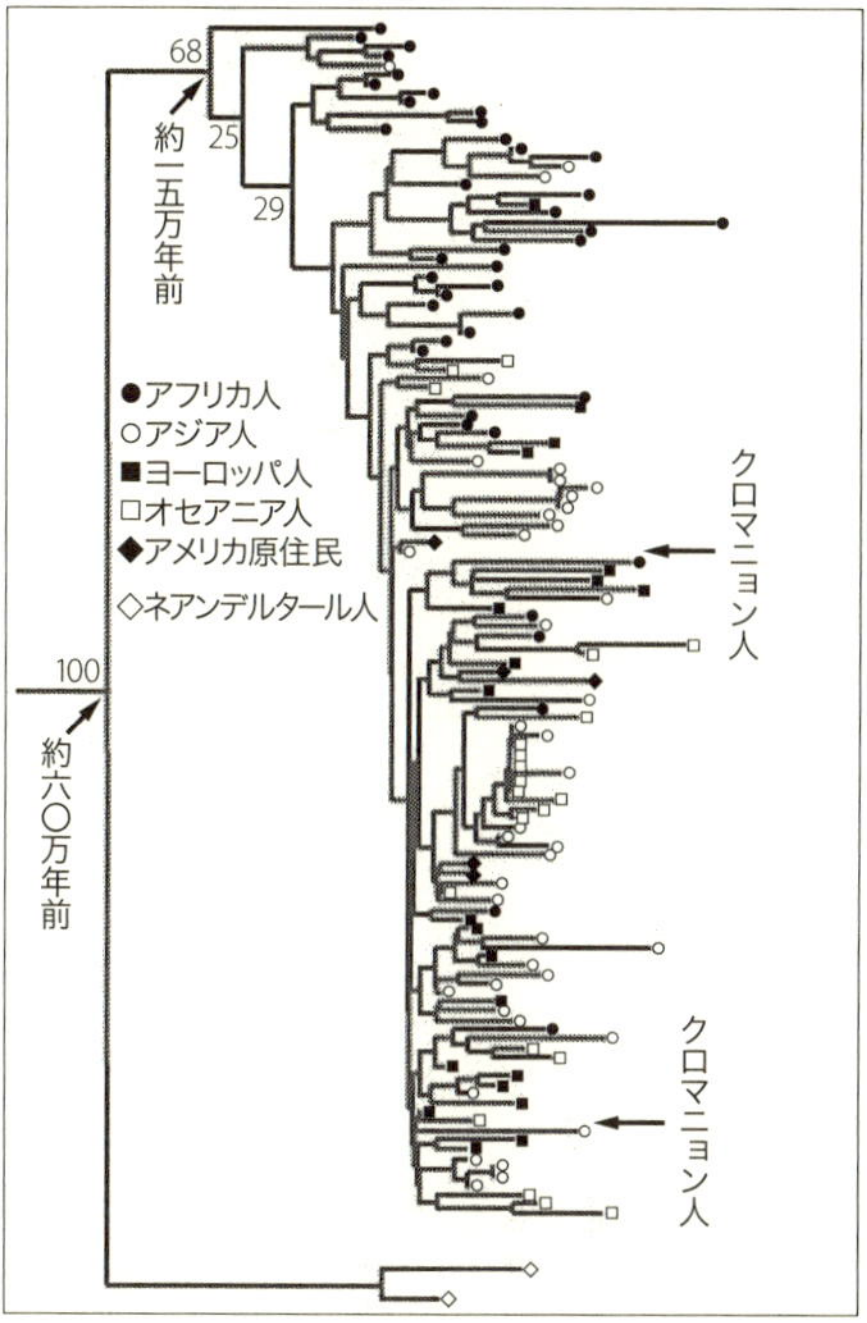

Svante Pääbo, 1987

図 II–16　現代人の起源

九八七年に発表され、今日では単一起源説が広く受け入れられています。

倫理は人間に固有のものではない

ヒトが類人猿、特にピグミーチンパンジーやチンパンジーの仲間から分かれてきたということは、彼らの行動様式や考え方と我々のそれには少なからぬ共通点があるはずです。進化学者のドブジャンスキー（Theodosius Dobzhansky）は、「生物学においては進化を考えないと何も意味をなさない」と言っています。また、ドゥ・ヴァール（F. de Waal）というオランダの霊長類学者は以下のように唱えています。

多くの宗教家や一部の人文科学者は、倫理観を人類という崇高な生物種に固有のものと考えているけれども、仲間を助けることは小さなグループの生存には不可欠である。集団でエサを集め、分かち合うなど、小さなコミュニティが生存する上で一定の秩序は非常に重要なことであり、ボノボやチンパンジーにおいても利他的な行為はいくらでも見られる。倫理の基本は、他人を思いやり、人を助けること。一〇〜二〇匹程度の仲間を助け合う集団と助けない集団を考えると、明らかに仲間を助ける集団のほうが生き残りやすい。そのように考えると、基本的な倫理観というのは宗教から生まれたものでも、人間固有のものでもない。

生命の三要素と快感

もう一度幸福の問題に戻りたいと思います。最初に申し上げたように、幸福感は生きる意欲の源とリンクしています。幸福感の基本となる三つの快感をもたらす欲望充足（生殖欲、食欲、競争欲）はいずれも生きるために不可欠です。このことは何も観念的なものではなく、例えば生殖をするための装置、分子機構があります。それは言うまでもなく性ホルモンであって、性欲がホルモンによって支配されることは間違いのないことでしょう。フェロモンの分泌によって異性を感じることも、分子的に制御されています。また、その結果、大脳中枢では快感を得る。その快感中枢を刺激するのは、ドーパミンやエンドルフィンといった分子であることはすでによく知られています。

生物学がご専門でない方のために、大雑把な脳の断面図（図II—17）を用意しました。大脳辺縁系は非常に古い脳で情動的な機能を持ち、大脳皮質は思考を始めいろいろな情報を複雑に統合する機能を持っていると言われています。今もそのまま当てはまるかどうかはわかりませんが、摂食中枢を破壊すると動物は食欲がまったくなくなり、満腹中枢を破壊するといく

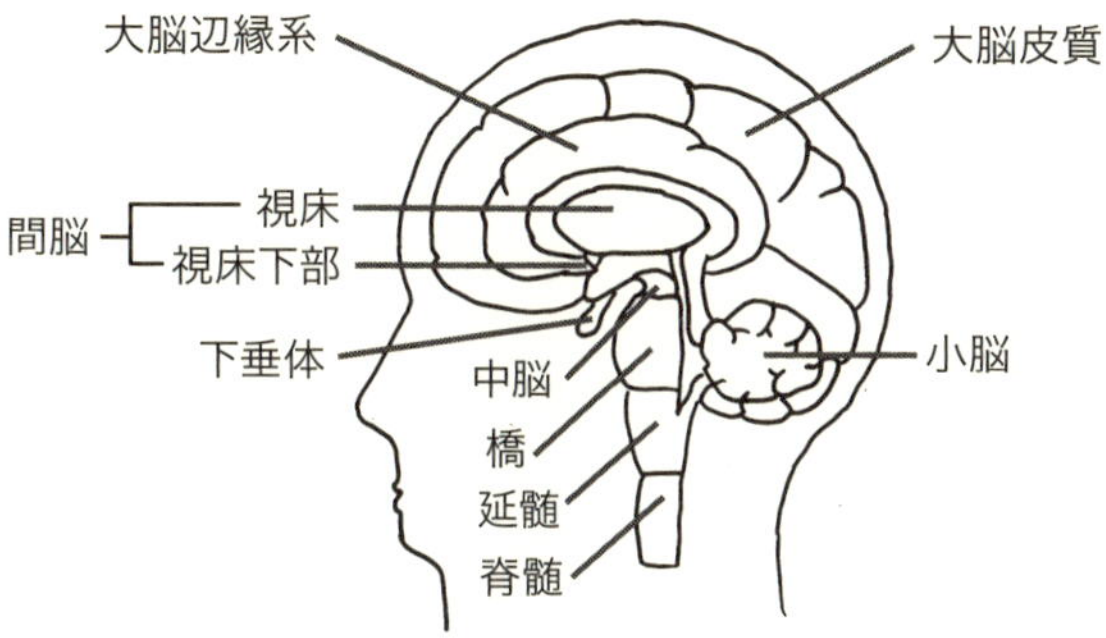

図 II–17　ヒト脳の解剖学的位置、前後軸での断面

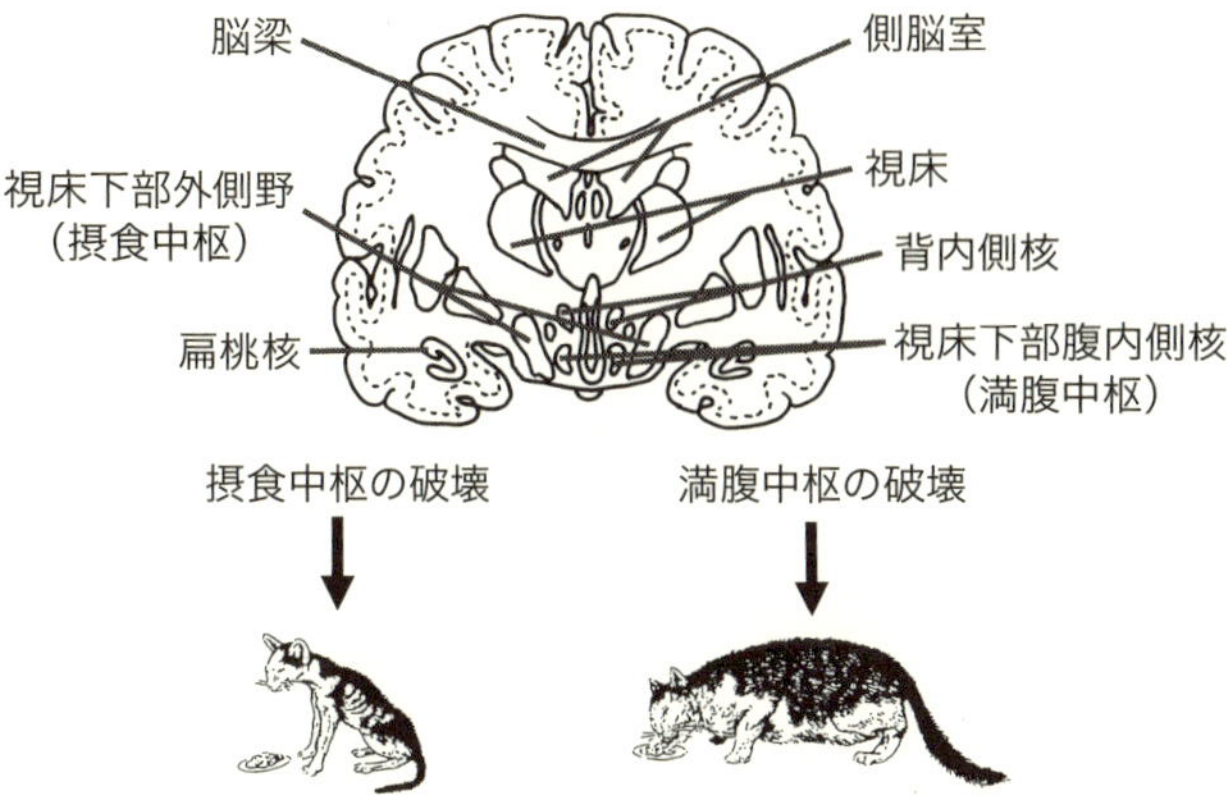

図 II–18　ヒト脳の左右軸での断面図と満腹および摂食中枢の位置

らでも食べるという有名な実験がありました（図Ⅱ—18）。

今日では食を制御する分子が知られています。一つは脂肪細胞から出るレプチン、もう一つは胃から分泌されるグレリン。グレリンの受容体は迷走神経等にあり、レプチンの受容体は満腹中枢にあります。レプチンは摂食量を抑制する分子です。つまり、ある程度食べると「もう十分だ」というシグナルが脂肪細胞から出て、摂食量を抑制します。逆に、レプチンがないといくらでも食べるので肥満になります。胃から分泌されるグレリンは、「お腹がすいた」というシグナルを迷走神経を通じて送り食欲を起こさせます。

さて、競争欲はというと、身の危険を感じる時に奮い立たせて相手と闘うのは、ご承知のとおり、アドレナリンが交感神経や副腎から分泌されるからです。アドレナリンの受容体は脳や心臓や筋肉に広く分布しており、アドレナリンを感知すると、体中の代謝を高めて心臓の拍動や筋力を上げるといった、きわめて合理的な反応をすることがわかっています。

快感だけでは真の幸福に達しない

これまで申し上げたことにより、快感と生きることが非常に密接な関係にあることは多少納得していただけたと思います。しかし、快感と幸福とは違うよ、と言う方はたくさんおられるでしょう。事実、快感だけで真の幸福には達しないということは、古くから言われています。なぜなら、快感、つまり「心地よい」は、「より心地よくなりたい」を求めます。おいしいワインを飲むともっとおいしいワインがないか、おいしいごちそうを食べるともっとおいしいごちそうがないか、ということになります。このことは昔から言われできました。

かつてルソーは、砂糖が非常に貴重であった時代に、砂糖水をおいしく飲む方法はなるべく薄い濃度からスタートして毎日少しずつ濃度を上げていくことだと言いました。そして、これ以上濃度が上げられなくなったら、一週間ほど飲むのを止めてもう一度薄いところから始めることだと。ルソーはまさに快感原則を体験的に認知していたわけです。快感は感覚器を通して認識されます。けれども、感覚受容体は繰り返す刺激に飽和して感受性が衰える。このことを、生物学的には「脱感受性」を引き起こすと言います。

不安感がない＝幸福

そこで、やはり幸福感のもう一つの側面に注目する必要があります。それは、「不安感がない」ということです。幸せの要素には、欲望充足型と不安感除去型の二つの側面が考えられます。

不安感は何から出てくるか。実は、不安感というものがなかったら、生物は困るのです。自分の生存が脅かされる時に何も感じない生物は簡単に死を迎えます。しかし、死が迫った時に、「これは大変だ。何とかしなければいけない」と感じる生物は生き残ることができる。不安感の原因はいろいろありますが、生きる欲望の不充足、自分が生きられないのではないかという不快感と非常に密接につながっています。

不安感を引き起こす要因は様々であり、人によってその感じ方は千差万別で、閾値も非常に違っています。欲望充足型の満足感の閾値は、自然と高いほうに変化しやすい、つまり、幸福感はだんだん薄れます。欲望の不充足から起こる不安感の閾値も体験によって高くなりますが、さんざん不幸な目に遭った人は少々のことでは不安感を覚えなくなります。例えばアウシュビッツで生き残った人は、命さえあれば少々のことでは不満感や不快感を持たない。不快感を覚える閾値、つまり幸福の度合いは経験によっ

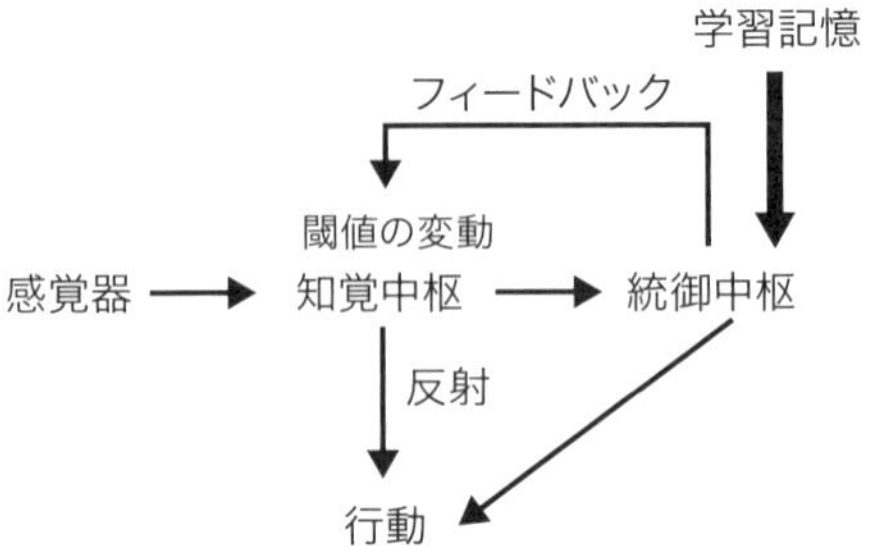

図 II–19　学習記憶のフィードバックと閾値の変動

て非常に大きな変化が出てくるのです。

快や不快は感覚器で感じて知覚中枢から統御中枢を経て行動に伝わると生理学の教科書に書いてありますが、これらの情報は学習記憶として我々の大脳に蓄えられます。学習記憶がフィードバックされることから閾値の変動が起こります（**図II—19**）。

アッシャー症候群は、感覚器に共通して存在する遺伝子がおかしいために、生後次第に聴覚、視覚などを失っていく遺伝病ですが、最後に残った嗅覚が動物並みに鋭い人がいます。知覚中枢では感覚器から送られるいろいろな情報を制御して認識しているので、様々な情報が入る時は一つの情報の位置づけが比較的弱く、他の感覚器官からの情報が入ってこない場合には、一つの情報の位置づけが非常に強くなるのではないかと考えられます。

結　論——永続的幸福への道とは

最後に、大変叱られるかもしれませんが、大胆な仮説を述べますと、人類はこの不安感を除去することが非常に重要だと認識し、偉大なる発明をした。それが宗教だと、私は考えています。宗教の大きな役目は不安感の解消です。絶対的な服従や帰依によって、神様が守ってくれるからと安心する。あるいは、仏教のように自ら悟りに達することによって不安や悩みを解消する。キリスト教なら無償の愛、神道ならお祓い（お清め）と、様々な形がありますが、あらゆる宗教に共通しているのは、不安解消プログラムを内蔵していることではないかと思います。

親鸞は、「善人なおもて往生をとぐ、いわんや悪人をや」と言っています。善人は何のかのと理屈を言うのでなかなか念仏一筋にはなれないけれども、悪人は「私のような者でも救われるのでしょうか」ということで、本当に念仏一筋になれると。別の解釈をすると、悪人は様々な苦労や体験をすることにより、不安感の閾値が非常に高くなっていて、少々のことでは不快な思いはしないというようにも考えられます。つまり、不安感の閾値が高いことによって、幸せに行く道が近いという考え方もあるのではないでしょうか。

まとめますと、幸福感の基礎とはまず快感を得ることですが、やがてこれは麻痺する危険性があります。しかし、幸福感のもう一方の側面である不安感除去型の幸福感は麻痺しません。これは非常に安定した、宗教的な悟りに近い状態ではないかと私は思います。つまり、生物学的に考える永続的な幸福感への道とは、「安らぎと時折の快感刺激」であると言えます。

したがって、きわめて通俗的な結論ですが、老後の幸せは、ゴルフでもしながらゆっくり生活をして、時々おいしいものを食べるということではないかと思っています。

III

生命科学の未来（対談）

本庶 佑
川勝平太

2014. 4. 8

1　予防医療の推進

医学者、本庶佑教授の業績

川勝　まずは、昨年（二〇一三年）の文化勲章、おめでとうございました。

本庶　ありがとうございます。

川勝　先生は、早くも一九七八年に、日本生化学会奨励賞を受賞されています。当時はまだ三十代でしょう。

本庶　一九四二年生まれですから、三十六歳です。

川勝　三十代の終わりに野口英世記念医学賞、四十歳の節目に朝日賞、四十代には大阪科学賞、木原賞、『ベルツの日記』で有名なベルツ賞、武田医学賞、五十歳の節目には、血清の免疫を発見した日本の北里柴三郎の名前を冠したベーリング・北里賞、五十代に上原賞、恩賜賞・学士院賞、そして、二〇〇〇年に文化功労者に選ばれておいでです。

研究以外に、小泉首相（当時）の要請で総合科学技術会議議員を六年間お務めになりました。議員を引かれた直後、今度は私からお願いして、静岡県立大学の理事長にご就任いただきました。静岡県にはもう一つの県立大学があります。静岡文化芸術大学ですが、理事長は有馬朗人先生です。静岡の二つの県立大学が、東西の碩学に理事長をお引き受けいただいています。有馬先生は二〇一〇年に理事長にご就任いただき、その年に文化勲章を、本庶先生は二〇一二年に理事長にご就任の年にドイツ最高のロベルト・コッホ賞、翌年に文化勲章を受章。富士山のふもとに来ると縁起がよいようです（笑）。

受賞歴は、名だたる賞だけでも十を超え、また、米国免疫学会名誉会員、米国科学アカデミー外国人会員、ドイツ自然科学者アカデミー・レオポルディナ会員、日本学士院会員に選ばれ、生命科学の最先端を歩んで来られました。

本庶　ありがとうございます。

川勝　先生の謦咳に接したのは、二〇〇四年の京都賞の賞委員会でした。京都賞は、西洋のノーベル賞を意識した日本独自の賞として一九八五年に創設されました。日本の学問が西洋と肩を並べたことを示す賞です。ノーベル賞は、ノーベルがダイナマイトを発明し、社会のためになると信じていたところ、戦争に利用されてショックをうけ、科学の平和利用を願ったのが発端で、物理学、化学、生理学・医学、文学、平和、経済の六部門の賞が創設されています。

京都賞は先端技術、基礎科学、芸術・思想の三部門ですが、各部門を四分野に分け、たとえば先端技術の部門では、エレクトロニクス、バイオ・メディカルテクノロジー、材料科学、情報科学の四分野で、それを毎年順番に選んでいきます。ノーベル賞との最大の違いは、京都賞は、他国の学者に頼らず、日本人学者だけで受賞者を選んでいることです。また、ノーベル賞では、本人が授賞式に出席しない場合がありますが、京都賞では、受賞者本人が出席し、自分の人生と学問について講演することが義務づけられています。それは受賞者が学徳を兼備した「最高の人」であることを聴衆の前で確証するという方針だからです。

かつて明治の日本は、ベルツから医学を学び、モースから進化論を学ぶなど、欧米の「お雇い外国人」の生徒として西洋の学問を学びました。ところが今や、日本の学問が、西洋と優劣を争うまでに成長し、京都賞が生まれたのですが、実際、西洋と肩を並べたことを証すように、京都賞創設の一九八五年に、先生はベルツ賞に輝かれています。私は、知事になるまで、京都賞委員会の一員として、ノーベル賞級の業績の画期性とともに人格の高潔性を基準にした京都賞の仕事に携わり、そこで先生と親しくなり、日本の医学・生理学の研究レベルを世界的に代表する学者として尊敬申しあげるとともに、日本の生命科学の水準の高さを認識しました。

本庶　ありがとうございます。

川勝　今日は、先生のお仕事や人生観、また、これからの日本の医学・医療のあり方、生命科学と教育などのかかわりについて、お聞かせください。

日本では、江戸時代に蘭学者の杉田玄白・前野良沢らの『解体新書』の訳があり、山脇東洋による解剖も行われていますが、西洋医学が我が国に本格的に導入されたのは明治維新後です。ところが、あっという間に北里柴三郎や野口英世のような世界的なレベルの医学者が出ました。

一九八七年には、利根川進先生が、日本人として初めてノーベル生理学・医学賞を受賞され、二〇一二年には、同じノーベル生理学・医学賞を山中伸弥先生が受賞されています。

先生は、がんの活動を抑えるPD－1抗体分子を一九九二年に発見されましたが、その発見は、ここ三十年間で、がんの免疫治療における最高の成果だと国際的に評価されています。生命科学の分野で、欧米に勝るとも劣らない水準を体現されているわけですが、それは先生の天分と精進の賜物だとは存じますが、日本の学問の高さもあらためて感じます。

産業化する医療

本庶　過分なご紹介をいただき恐縮です。編集長の藤原さんからファクスをいただいて見てみると、対談のテーマが「日本を変える！」と書いてありました。私の専門は、川勝知事が紹介くださったように生命科学ですから、生命科学の視点から日本を変えるというのはどういうことだろうと、考えてみました。国を変えるということは、私の専門ではなく、社会科学、とりわけ経済と密接な関係があります。今、科学技術は、生命科学も含めて、経済力と非常に密接につながっています。しかしわれわれがやっている生命科学は出口が医療であり、かなり長い間、産業競争力や経済と関係ありませんでした。産業競争力や資本主義経済は、欲望を刺激していき、その欲望が永遠に拡張していき資源が無限と考えるのが、資本主義の基本的な道だと、私は考えています。

そして医療は、本来、欲望を刺激することではなかった。ところが、最近、安倍内閣も医療イノベーションなどと言い出して、医療が産業になると、皆が見ている状況になってきました。これは医療が人びとの欲望を喚起する力を持ってきた、時代は急速に変わってきた、ということです。

自分の国では十分な医療を受けられない人が、渡航先で医療を受ける医療ツーリズムという、いまはやりのビジネスモデルがあります。これは、当然、欲望の刺激になって産業になる。さらに進むと、助からないと思われていた人が助かる可能性が出てくる。これはすごいことです。もちろん不老不死ということはありませんが、昔なら治らなかったがんが治るようになる。そうすると、人はいくらでもお金を出します。それで今、非常に問題になっているのが、末期がんの人に行う、治るか治らないかわからないような治療、民間療法です。国が認定したような医療でないもので、巨大なビジネスになっています。

こういうことから考えると、医療は急速に変質してきていると思います。これが国をいい方向に向けるのか、あるいは悪い方向に向けるのか、心配しているところです。

川勝　国家というのは、国力として、力の体系、利益の体系、価値の体系の三つの体系を備えなくてはなりません。力の体系は軍事力、利益の体系は経済力、価値の体系は文化力です。どこに力点を置くかは時代状況に左右されます。

明治維新のころの世界は帝国主義時代でしたから、日本は、力の体系すなわち軍事力に軸足をおいて国力をつけ、列強の仲間入りをし、大日本帝国になりました。第二次世界大戦で悲惨な敗戦を経験して、戦後は世界各国が経済復興に傾注し、日本は、軍事力を必要最小限に留め、利益の体系の経済力に軸足を移し、アメリカを目標に頑張り、「ジャパン・アズ・ナンバーワン」といわれる経済大国にのぼりつめて、一九八〇年代には一人当たりのＧＤＰでアメリカを抜き、目標を達成しました。その前後から、物の豊かさとともに、心の豊かさが重要だと言われるようになりました。それは幸福の追求でもあります。幸福の条件は、まずは身体の健康で、その上で心を豊かにする文化力をあげることです。その柱は学問や芸術です。文化力に軸足を移すときがきているように思います。

医療は、人が免れることのできない生老病死の苦しみを助けてきました。医療を受けられるかどうかは経済力に左右され、裕福な国の人は病気になっても医療で助かるのに、貧困国の人々の死亡率は高い。民主主義が成熟してくると、万人が医療を受けられるべきだという主張が強まります。日本は国民皆保険で、年間の医療費は四十兆円、国の一般会計予算の半分ほどになっています。医療に莫大なお金が使われるようになり、それに供給が応じる市場原理が働いています。医薬・医療機器のイノベーションが次々と起こり、それを医療機関が使う。ご指摘のとおり、医療の産業化は世界レベルで起こっており、利益を得るための経済の論理に医療が引きずられています。

しかし、本来の医療は病気の治療と予防です。それは人に回復の喜びを与え、幸福にする文化のベースの一つだと思いますが、十九世紀から医学者のプロフェッショナル化や、学会創設などの制度化が急速に進み、専門家同士の競争も激化し、あわせて産業化の波に洗われてきました。

安倍晋三首相のアベノミクスは経済中心です。安倍首相は『ランセット』誌上（英文）で、日本は、ユニバーサル・ヘルス・カバレッジ（すべての人が、適切な健康増進、予防、治療、機能回復に関するサービスを、支払い可能な費用で受けられること）を政策として掲げると国際的に表明しました。それは理由のあることで、近年の薬事工業生産動態統計年報によれば、日本の医薬・医療機器の輸入超過額が年間三兆円に達しています。高額の代金を外国に支払っているのです。その大半はアメリカです。輸入している医薬・医療機械を国産化することが課題ですが、障害は医薬品・医療機器にかかわる煩雑な審査なので、規制緩和が政策課題です。貿易収支の赤字を解消する対象に医療分野が位置づけられ、今や、経済と医療は切っても切れない関係になっています。

治療から予防医療へ

本庶 そうですね。私はそういう流れ自体がまちがっているとは思いません。ただ、二点、私が危惧していることがあります。

一つは、今、知事がおっしゃったように、医療費が四十兆円、それから介護費用が八兆円という、とんでもない額になっています。これはいくら消費税を上げていっても、とても賄えないと、皆思っています。

私は、もう少し予防医療に、お金と仕組を投入すべきであると考えます。たとえば、非常に簡単なことですが、糖尿病の人が人工透析に移行するかどうかで一人年間四百万円ちがいます。たとえば、静岡県で千人の人が糖尿病で透析に入った途端、国保の場合、それだけで膨大な医療費が失われます。

川勝　糖尿病患者の人工透析費が一人当たり年間四百万円で、千人ですと、年間の透析費が四十億円、膨大な額になりますね。

本庶　じつは地域の医師会と協力して人工透析にならないように予防する取り組みをやっている広島県呉市の職員がおり、百八十人ぐらいの方が、人工透析に至らずにすんでいます。これによって何億という経費を削減できることを具体的にやっています。非常に簡単なことです。そういうことをもっとやるべきです。もちろん、研究も予防の方に軸足を置くべきですが、今は治療に軸足を置いています。新薬開発や、再生医療という非常にお金がかかるところに投資をしていますが、軸足を変えるべきではないかと思います。

もう一つは、医療が皆の役に立つ、生命科学の研究が役に立つということを、皆が自覚して、そこに投資するということはいいのですが、成果が性急に出ると期待しています。今回のSTAP細胞はその悪い例です。私の開発した薬で、さっき知事がお話しになったPD－1抗体は、抗がん剤として、今、非常に有望で、まもなく市場に出ることになっていますが、私が最初に分子を発見したのは一九九二年です。これががんに効くらしいということをネズミで証明したのが二〇〇二年で、十年かかっています。さらにネズミからヒトの臨床に至るまで、十年。最初の発見から二十年かかっています。

新薬の開発は、原理的なところから着手するとだいたいそんなものです。そういうことを十分認識しない政治家、官僚が、五年間プロジェクトで何か出せという。こうなると、研究者が非常に近視眼的な研究をやるようになります。

私が危惧しているのは、この二つです。医学的な研究は長い眼で見て、本当に基礎的なことから思いがけない大きな発見が出る、そういうことを考えていかなければならないということです。

川勝　ご指摘の第一は、医療の主流を治療から予防へ変えることですね。予防医学を最近、井村裕夫先生は「先制医療」という強い言葉で表現されています。発病前に病気の原因に先制攻撃をかけるという趣旨ですが、糖尿病、アルツハイマー型認知症、骨粗しょう症、乳がんなど、いくつかターゲットがあるようですね。ほかに予防医学のターゲットとしてどういうものがありますか。

本庶　高血圧などですね。

川勝　そうした生活習慣病をふせぐ予防医学を、生命科学の知見をベースにして実行すると病気になりにくいし、お金も節約できます。それは医療コスト削減にむけた非情に重要な提言ですね。政府も自治体も真剣に取り組むべき課題だと思います。

コーホート調査を全国規模で

川勝　遺伝子検査をもとにした予防医療は、どういう段階でしょうか。アメリカの女優アンジェリーナ・ジョリーさんが、遺伝性の乳がんリスクが高いとのことで、乳房を切除されたというニュースが話題を呼びました。これは遺伝子検査をもとにした先制医療の事例ですね。遺伝子は、個人差はもとより、国民的特性や地域的特性があると思います。そうした調査を体系的に行う計画はありますか。また、ゲノムの解読装置も整備しなければならないと思いますが、見通しはいかがでしょうか。

本庶　多くの人の遺伝子のサイト、環境の違い、こういうものがどのように病気の発症にかかわるかということを明らかにするためには多数の人、具体的には一〇〇万人くらいの健康な人にボランティアで参加してもらい、一〇年あるいは二〇年に亘って、その人たちの健康状態、遺伝子、代謝産物、脳の画像といったものを追跡していく必要があります、そして最終的にそれぞれの違う遺伝子を持った人がどのような病気になり、また同じ遺伝子を持った人が異なる環境で病気にならなかったかということを解明することにより、病気の基本要素である遺伝的な要因と環境要因とを解明することができます。このような大規模なゲノムコホート研究が世界中ですでに開始されています。日本でこの研究を是非やるべきであるということを私は総合科学技術会議の議員であった頃から、五～六年に亘って提唱し、政治や官界に訴えておりますが、まだ具体的にスタートしておりません。非常に残念なことです。しかし、部分的でありますが、日本の各地で小規模なゲノムコホート研究がスタートしております。今後はこれを全国レベルの形にまとめ上げていき、この静岡県もそのような拠点を作っていくという構想を提唱していくことが予防医学の推進に必要であろうと思います。

2　基礎研究の重要性

基礎研究には時間がかかる

川勝　もう一つのご指摘は、基礎研究の重要性ですね。先生がＰＤ－１の分子構造を発見されたのは二十年以上も前の一九九二年、それががん治療に有効だと国際的に認められるまでに長い年月がかかっています。ＰＤ－１抗体について、ご説明いただけますか。

本庶　免疫反応を動かすには自動車と同じで、まず最初にエンジンをかける必要があります。これは身体に異物が入ってきたということを免疫細胞が認識することから始まります。しかし、エンジンをスタートしただけでは車は動きません。必ずアクセルによる加速と、暴走しないようにブレーキが必要です。私が一九九二年にみつけたPD－1という分子は免疫のブレーキ役を果たしております。がん細胞は身体にとって異物でありますから、免疫細胞がきちんと認識して攻撃します。しかし、がん細胞の中には免疫を逃れるようにPD－1を刺激して免疫系にブレーキを入れさせるPD－1リガンドを発現するものがあります。このようながん細胞は免疫の監視を逃れて次第に大きくなります。私はこのようながんの治療のためにPD－1の抗体を使って免疫のブレーキを抑えることを思いつき動物実験を行ったところ、見事にがんの治療ができました。そこで、ヒトでもこれを応用するように製薬企業に働きかけ、最近その成果が出始め、ヒトのがんにも有効なことが明らかになりました。

川勝　がんは日本人の死因の最大のものですから、ＰＤ－１が役立つことがわかってよかったですね。それにしても、基礎研究から実用まではほんとうに長い時間がかかりますね。今年の話題でいえば、南極での宇宙観測で、原始重力波の痕跡がとらえられました。佐藤勝彦さんが唱えられた「宇宙のインフレーション理論（膨張理論）」の正しさを裏付ける観測データです。佐藤さんが、宇宙は一三八億年前に生まれた直後に急激に膨張したという理論を発表されたのが一九八一年で、それがハイテクを駆使した宇宙観測で結果が報告されるまでに三十年以上という長い時間がかかっています。日本人の基礎研究のレベルは世界水準ですが、今日の科学技術政策は成果が重視され、数年間でプロジェクトを仕上げろということになると、今回のＳＴＡＰ細胞のような不幸な騒ぎになりますね。

本庶　私もそう思います。先ほど知事がおっしゃったように、日本のレベルは、現在、かなりいい線までたどりつきました。これは驚くべきことです。戦後の混乱期の中から、湯川先生のノーベル賞をはじめとして、次々に出てきて、ここまできた。ノーベル賞受賞者の数を見ても、日本は第八位です。それなりに成功しました。国として科学技術を振興して、いわゆる文化力をつけるという意味では成功したといえます。

ところが、次の世代が少し危うくなってきました。今ノーベル賞をもらっている人は、だいたい一〇年、二〇年、三〇年前の投資効果の結果です。ですから、今のように科学技術を短期的な視点から見ると、将来が非常に危ういという気がしています。

基礎研究には資金が必要だが、マインドも大事

川勝　日本人のノーベル賞受賞者数はアジアでは断トツです。二十一世紀になってからだと、日本人のノーベル賞受賞者は九人で、アメリカ、イギリスについで世界第三位です。自然科学にかぎればイギリスと並んで第二位です。日本の学問力は高い。

先生は戦時中のお生まれですが、戦後の食料不足のなかで育たれた。先生の青年期は研究費も潤沢ではなかったと思います。経済力と文化力は、比例するのでしょうか。学問研究にはお金がいりますが、十分条件ではないだろうとも思います。基礎研究の資金は、昔よりは多い。ただアメリカと比べると格段に少ない。日本の学問の向上を支えているのは経済力なのか、先生ご自身の研究歴をふり返られていかがですか。

本庶　われわれの時代は、おっしゃるように非常に貧しくて、私がアメリカに留学した時は、天と地のちがいのような印象をもって、これはとてもかなわないと思って帰ってきました。行っているあいだに日本の高度成長がはじまって、帰ってくると、それなりにやれる状況が出てきて、われわれはその流れに乗れた非常にしあわせな世代だと思います。

また自然科学は、新しい計測技術・機器が、進歩に非常に大きな影響を与えます。したがって今日の自然科学は、ある程度の経済力がないとやれません。これまでは、そういう流れで研究して来られました。しかし、今後はどうかという問題に関しては、単に資金の問題だけではなく、研究者のマインドといいますか、じっくりと本質的な問題にアプローチできるような環境、目先の成果だけ追うという姿勢でないような環境を作っていかなければならないと思います。長い伝統のあるヨーロッパ、またそれを受け継いでいるアメリカに、付け焼き刃では太刀打ちできません。私が危惧しているのはこの点です。

川勝　自然科学も社会科学も、明治時代に欧米から入ってきた外来のいわゆる「洋学」です。明治の日本人は西洋の学問水準に追いつくことを目標にしました。そうした動きは、お隣の中国でも韓国でもなかった。いや、広くアジア、アフリカの非ヨーロッパ圏全体がそうでした。日本における洋学の興隆は際立っています。それはなぜなのか。当時の日本は今よりはるかに貧しい。欧米の知的水準に達しようという欲求は、おそらく日本全体にみなぎっていたようで、北里柴三郎、野口英世、長岡半太郎、高峰譲吉、鈴木梅太郎らの世界水準の研究者たちを輩出して独創的貢献をし、それを日本語で、日本人にもわかるように説明しながら、日本の学問水準をあげるという、一種の使命感にも支えられていたと思います。学問は必ずしも経済力の関数ではないように思います。

本庶　日本人はものを究めることが好きな国民です。というのは、たとえば、なんでも「道」になるでしょう。茶道、最近は野球道とか、柔道はもともとですが（笑）。深く究めていくことが好きだからです。日本人は、学問を愛しているのだと思います。

川勝　そうですね。日本はまことに道の文化です。好奇心は昂じると「道一筋」ということになって、学問へのとっかかりですね。

医学は人間が相手です。人間を含む生物は進化の産物だという思想が明治に入ってきました。生命科学の基礎には進化論の思想があります。

進化論として、私は今西進化論に親近感をもっています。今西錦司先生は一九〇二年生まれで、戦争を前に『生物の世界』を遺書として書かれた。『生物の世界』は、カゲロウの生態観察をまとめた博士論文をもとに、独自の生物哲学を説いたものです。今西さんは戦後も活躍され、お金のないなか、鹿児島に行って、サツマイモをほおばりながら、都井岬でウマを観察するというのが戦後の研究の出発でした。そこでサルを見かけた。同行していた当時学生の伊谷純一郎さんに「サルの研究をやれ」と指示し、伊谷さんは、それをきっかけにサル学を始めて、世界水準に高め、霊長類研究でトーマス・ハクスリー記念賞を受賞されるまでになった。

今西さんは、「研究費はないが、足と鉛筆と紙がある。自然を自分の目で観察して、進化のメカニズムを理論化する」という姿勢でした。そこから編みだされた個体識別と長期観察の方法は独創的で、イギリス人ジェーン・グドール女史のチンパンジー研究に活用されて、日本の霊長類研究が世界一であることが示されました。

ダーウィンの進化論は、明治時代に丘浅次郎の『進化論講話』で広まりました。「自然淘汰」と「適者生存」を柱にするダーウィンの進化論に対して、今西さんは「棲み分け」の理論で対抗した。分子生物学の柴谷篤弘さんとも対談したりして、今西流のホリスティックな生物観が、分子生物学と調和できないものかとやっているうち、今西さんは、「わしは自然科学を廃業する。学問をやめるのではない、自然学をやる」と宣言した。今西先生は生涯をかけて、ダーウィンの『種の起源』をどう批判するか、考え抜かれたと思います。

種に変異があるのは自然界の現実です。今西さんに言わせれば、ダーウィンは環境に応じた種が適者生存で生き残ったと説明するが、ダーウィンはどこでその現実を観察したのか、ガラパゴスだけではないか。ダーウィンは二十代の青年期にビーグル号に乗って世界を一周し、ガラパゴス諸島に一ヶ月ほど留まって、進化論の着想を得た。イギリスに帰ってからは病気がちで、ロンドン郊外の南のダウン村に閉じこもり、大富豪のウェッジウッドの娘と結婚したので、お金はたっぷりあるので、生活に困らず、自分の庭にいる動物の変異を観察していた。今西さんから見れば、ダーウィンは観察した自然がわずかで、限られた証拠から自然淘汰と適者生存を論じた、ということになる。

今西さんの棲み分け論は、ダーウィンとは比較にならないくらいの自然観察に支えられています。生物の世界は生存競争ではない、生存競争が原理であれば、なぜ、小さな生物が大きな生物といっしょに生息しているのか。弱い生物は強いものにやられてしまうはずなのに、大きいものも小さいものも、強大なものも弱くみえるものも、ともに生存している。生物の世界は、生存競争ではなく、棲み分けだと言い切っています。今西さんは生物の世界をしっかりと見すえていたと思います。

本庶　そうですね。今西理論が、結局、ヨーロッパに大きな影響を与えられなかったのは、何がエビデンスかを示せなかったからだと思います。俺はこう見た、ここにこういう集団がいるということは事実です。それを、第三者に説得できるように、たとえば、数理的な解析とか、そういう形で提示できなかった。私は今西先生のおっしゃっていることは、少なくとも部分的には正しいと思います。しかし、それを一般化する、あるいは証明するための手段が足りなかった。だから全部が弱肉強食でいくというより、一時、ダーウィン的な考え方を拡大解釈して、そうもっていく人もいたわけです。今は下火になっていますが、そういうことにたいするアンチテーゼとして、今西先生の見方は、今でも十分に成り立つと思います。

川勝 今西さんの方法は、要素に還元していく分析的手法ではなく、野外観察、フィールドワークです。その事例数は相当なものですが、それ自体としては、エビデンスの積み重ねでしかない。「棲み分け」の例証ではあっても、一般化できる保証はない。ただ、要素還元とは逆の全体論的なスタンスに見るべきものがあります。

3　遺伝子と生命進化

遺伝子は変わる――体内のダーウィン的な変異と選択

川勝　一八五九年にダーウィンの『種の起源』が出ました。ダーウィンの進化論は、自然淘汰（選択）と適者生存（適応）が二本の柱です。十九世紀後半のイギリスでは、ハクスレーが進化論を広め、スペンサーがそれを人間社会に適用して「社会進化論」を普及させました。当時の世界情勢は、列強が植民地獲得競争をしており、文字どおり、弱肉強食を絵に描いたような現実で、日本もそこに参入しましたから、ダーウィンの進化論は、人間社会でも妥当すると思われて、日本人にもわかりやすかったと思います。

私はいつぞや、ダーウィンの進化論と社会科学との関係を洗い直したことがあります。ダーウィンは『種の起源』の序文で、選択と適応について、マルサスの説く人口の原理を全動植物界に適用したと書いています。マルサスによれば、人口は幾何級数的に増加するのに対して、食糧生産は算術級数的にしか伸びないので、食糧が足りなくなって、人々は生存競争する。ダーウィンは序言で「マルサスの原理を全動植物界に適用した」とはっきり言っており、「自然選択が変化の主要な方向であるが、唯一のものではないことをも確信している」と結んでいます。ダーウィンの適者生存は、自然界の観察から導き出されたというより、社会科学からの借り物だということです。自然界の生物種に変異がある。なぜ自然界には多様な変異があるのか。変異をどう説明するのかについて、さしあたってマルサスの人口論からヒントを得たとはいえ、それで説明がつくとは、ダーウィン自身は確信していなかった。

ダーウィンの進化論とあわせて、もうひとつ、先生が生命科学の基礎的な原理として引かれるメンデルの遺伝の法則があります。メンデルは、たくさんのエンドウマメを十数年にわたって栽培して、形質が法則性をもって遺伝していくことを発見しました。メンデルの学説は、彼の存命中は世間に認められなかったのですが、その後、ド・フリースがそのことを確認し、「突然変異」で進化が起こると提唱した。そのあたりから、「遺伝の法則」といわれるようになりました。

本庶　そうですね。メンデルの場合は親から子への遺伝でしたが、このときに非常に原理的な概念としての遺伝現象と、種というラージスケールのものでも、基本的に遺伝現象があることが提唱されました。だから変異というものが説明できて、そこで選択という考えとつながっていった。

この二つが、おっしゃるように生物学の大原則であり、私がやっている免疫も、抗原がきたときに細胞が変異を自ら入れることです。その結果、抗原に一番強く結合するような、レセプターといっていますが、受容体をつくるリンパ球が増えてきます。こういう、体の中でもダーウィン的な変異と選択の組み合わせが起こっています。結局、これが生物界における大原理で、多様性があるということを説明できます。多様性があるということは、環境が変わると、それまでちがった遺伝子を持っていて、必ずしも有利とか不利とかなかったものが、環境によってそのバランスが変わる。そして長い目で見ると、そっちの方がより生殖していきやすい、ということになります。

川勝　多様であることが自然界の際立った特徴で、多様性は生物の生き残りの戦略でもありますね。抗原が襲ってくると、受容体をベースに抗体がつくられる。われわれ素人は、人間の運命は遺伝子で決定づけられており、遺伝子は変わらないものと思いがちです。しかし、先生は、そうではなく、驚いたことに、遺伝子が自ら変わりながら抗体をつくりだす仕組を、遺伝子免疫学の初期の段階で、発見されています。ほぼ同じころに、免疫の抗体遺伝子が組み替えられると利根川先生が発表されました。一九七〇年代でしたか。

本庶　一九七六年です。

川勝　先生はまだ三十代。そのころの先生の遺伝子についてのイメージはどのようなものでしたか。

本庶　利根川先生がおやりになったのは、われわれが分化していくというか、初期の段階で、リンパ球ができるときに、遺伝子が順序よく組み立てられていくという現象です。その結果、いろんな組み合わせで非常に大きな、カタログのような、たくさんのリンパ球が体の中にできてきます。これは私も含めて皆、驚きましたが、じつは他の生物種でもそういうことが起きています。遺伝子が動くことは、後にノーベル賞を受賞するバーバラ・マクリントックがすでに発見していました。たとえばアメリカインディアンの主食であったトウモロコシは、全部黄色ではなく、粒ごとに色が変わっています。あれはトウモロコシの中で遺伝子が変わっているからです。そういうことをずっと研究した人が、生まれた後に遺伝子は変わるということを最初に見つけたのです。親から子へまったく変わらないと思われていた遺伝子が変わる、そしてド・フリースの突然変異が、より身近に頻繁に起こりうるということが、だんだんわかってきて、免疫系では突然変異がないと免疫ができないということになりました。

川勝　遺伝子の突然変異を、免疫系で最初に見つけたのは？

本庶　タンパク質からの証明は米国のＭ・コーンで、ＤＮＡでは利根川さんが最初です。実は利根川さんが解明したのは、リンパ球が生まれて成熟するまでに一つの免疫系のレパートリーができあがるところまでです。ところが、抗原がきたときには、レパートリーだけではまにあわないのです。つまり、デパートに行って洋服を買うにしても、いいけれども自分の好みとちょっとちがう。これは袖を直したり、アクセサリーをつけたり、あるいはいろいろちがうものと組み合わせたい。それをやらないと、きちんとした免疫系の働きができないのです。成熟後にも、抗原刺激によって遺伝子は変わります。その仕組みを私が解明しました。

川勝　画期的な研究でしたね。抗体が前もって人体にあるのではなく、抗原に応じた形で、成人後に新たにつくられる。どういう抗原が襲って来るかわからないので、どの抗原にたいしても対応できるように、遺伝子が変幻自在に変わる。すごい現象ですね。

本庶　ランダムな遺伝子の変化が一挙に起こって、その後、一番合うものが選択されます。ここでもダーウィン的な考え方で、遺伝子は変化する。それから選ぶのは環境、この場合は、抗原です。

川勝　抗原に対しては、人間が生まれたときにもっている遺伝子で対抗するのではなく、生後に、遺伝子にランダムな変化がおこり、そのなかで選択と環境適応が働いて、フィッテストの抗体を作るというのですね。

本庶　フィッテストのものが体の中に増えてくるのです。それによってインフルエンザにかかっても、インフルエンザにたいする抗体ができます。

川勝　どのような抗原にたいしても、それに応じた抗体がおのずとできあがるようになっていて、しかも増えるというわけですね。予想不可能な抗原に対応できるのは、既存のものではなく、ランダムな遺伝子の変化のなかから出てくる。

本庶　そういう仕組をもっているのです。

川勝　遺伝子は多様な抗体を生みだすダイナミズムをもっている。

本庶　無限の可能性があるということです。私は、これが生物のすごいところだと思います。今、地球上にいる生物は、DNAで情報をためていますが、その情報を自ら変えうる。そしてずっと進化してきて、なおかつ今のわれわれも自分の体の中の遺伝情報に変異を入れながら、環境にフィットしています。

川勝　それを進化といってよいのでしょうか。

本庶　ええ、進化の原動力でここまで来ている。今後どうなるか、これはまだわかりませんが。

遺伝子は、不変ではありません。遺伝子がコピーをつくるときに、必ずまちがいをします。つねにまちがいをしながら、その集団の中に膨大な多様性を含んでいます。非常に大変なことだと思われるかもしれませんが、じつはそれが生物というものの安定につながっています。もし、日本人が皆同じ遺伝子をもっているとしたら、何か急な環境変化がきたら全部やられてしまうということになります。

川勝　ランダムに変化できるダイナミックな仕組が遺伝子に組み込まれているということは、不測の事態にたいして備えているともいえますが、逆にいうと、使わないものがいっぱいあるということですね。

本庶　そういうことです。無駄がたくさんあります。

川勝　どのくらいの数の単位で無駄なものを作っているのでしょうか。

本庶　遺伝子の数をどう数えるかは、非常にむずかしい問題です。

川勝　ヒトの遺伝子は約二万と聞いたことがありますが。

本庶　二万というのは、タンパク質の構造を決める遺伝子の数です。ところが、その遺伝子の発現制御、いわゆるレギュレーションにかかわる遺伝子となると、もっと多いといわれています。それをどう数えるかということで遺伝子の数は変わります。二万という数字は、スタンダードな遺伝子の数です。

川勝　わずか二万ほどの遺伝子で、不思議な仕組みですね。一方の抗原は何種類ぐらいありますか。

本庶　数百万、数千万になるでしょう。

川勝　それに対抗する用意がある。それが生命の本質ということですね。

本庶　本質です。

生命の進化は、生命科学者にとっても不思議

本庶　逆の見方もできます。この地球上に四十数億年で、これだけの文化力をもった存在が生まれた。そういう仕組をもった生きものだから、生き残れたし、ここまで来られた。われわれはそれを偶然で非常に不思議だと考えるのですが、物理の人はそれも必然だとおっしゃいます（笑）。

川勝　人は死ぬ、これは必然ですが、人生は偶然に満ちているから楽しい。必然だけだと、息が詰まります。偶然と必然は古くて新しいテーマです。結果にはかならず原因がある。そうでないと因果律がなりたちません。ランダムに生じた結果でも、必ず原因をさがし出せるので、結果からみればすべからく因果律がなりたちます。それが数式化できれば因果の法則になります。結果から見ると何事も必然です。現在は過去の原因の結果なので必然的帰結ですが、現在から将来を見るならば、何が起こるかわからないという意味で、偶然性がある。ランダムな遺伝子の変化のなかで、ぴったりと合う組み換えができる準備がされていて、抗原とフィットする抗体ができて、それを免疫として記憶し、つぎに同じ抗原が来たときには、二度と攻撃されない。そのような免疫の仕組は必然といえるでしょうが、どんな抗原が来るかわからないという点では、偶然ではありませんか。

本庶　その部分は、免疫系という一つの小さな仕組ですから、われわれもほぼ解明しています。あとは細かいディテールの問題です。しかし、生物学者にとって一番不思議なのは、なぜ、こんな生きものという仕組自体が、地球という環境でできてきたのかということです。たぶん解けないとは思いますが、大きな謎で、非常に確率的には少ない。宝くじに百万回ぐらい当たってここまで来たのではないかと、われわれは考えるけれども、物理学者は、いや、それも必然だと、こういうふうな考えです。

川勝　物理学は、近代西洋の学問ですが、そのベースにはギリシャ哲学があり、ピタゴラスは万物の原理を数にもとめ、タレスは水にもとめました。森羅万象を数や物からなるものとして観測し、計測をし、実験や実証をする。それを数式にする。数なので計測できる。理論と実証の両立が物理学の宿命です。一方、このテーブルに花がありますが、この花の形も色も、原種からは遠く、品種改良の結果です。こういう花の形と色合いを、人がイメージしながら作りあげてきた。イマジネーションは、数式化とは別の心の働きです。数式では因果関係を説明できますが、われわれは想像力を働かせ、新しい形を生んでいくことができます。

イマジネーションは数式には環元できない力です。それは必然でも偶然でもなく、ある種の意志の力ですね。それを何と呼ぶかは別にして、そういう力が働いている。それがどこからきて、どこに向かっているのか、答えるのはむずかしい。はじめて地球を宇宙空間から見たガガーリンが「地球は青い」といった。「青い」という表現は、漆黒の闇のなかに青い地球、水の惑星が浮かんでいるのを見た時の感動の表明です。宇宙飛行士は地球を「ビューティフル」とか「マーベラス」とか、いろいろと表現しますが、要するに感動している。感動が洗練されると芸術になる。それは、数式化ではなく、芸術化とでもいうべきものです。

芸術化とは、単純化すれば、美しくなることです。それが地球や自然界の意志かどうかはわかりません。しかし、すくなくとも人間は物事を芸術化する能力をもっています。数や量にかかわる物の世界と、形や質にかかわる美の世界がある。物の数や量にかかわる物理とは別に、美しいものに感動し、それをもとに新しい形や質のものを生む想像力、イマジナティブ・パワーがある。エンドウはきれいな花を咲かせ、おいしい豆ができます。それらに魅入られなければ、メンデルもあれだけたくさんの交配をやらなかったでしょう（笑）。

生物の形態や色彩は、本当に不思議です。化石から進化の跡が知られますが、だんだんと無駄がなくなって、機能が洗練され、小さくなっていく。大きな貝も小さくなり、恐竜もトカゲのように小さくなる。

一方、たとえば、蝶や鳥が飛ぶのに、飛ぶためだけの機能ではなく、形が絶妙で、きれいな色とすばらしい文様をつけています。それは環境に応じたカモフラージュのためでもありますが、メスにたいしてオスが目立つ色をするのは、カモフラージュとは逆で、際立たせるということです。そこにある種の美への意志を感じます。これは芸術化ともいうべき意志ではないか。科学の代表が物理学ですが、自然現象や生命現象は物理学だけでは説明できないのではないでしょうか。

本庶 私も時どき、芸術など、感性でしか測れないものに賞を出すというのはどんなもんだろうかと思います。好きな人は好きだけれど、嫌いな人は嫌い（笑）。決着がつかないけど、しかたない。それはそれでいいのではないか、どちらもありでいいのではないかと思います。

物理学と生物学の非常に大きなちがいとして私がいつも思っているのは、生物は、ゲノム、つまりＤＮＡに情報が規定されています。ヒトという生物がもっている遺伝子の数と、ＤＮＡの塩基の数は決まっています。有限です。だからゲノム情報の上にないものは、ないとはっきりいえます。しかし組み合わせで無限とも思えるような現象が生じている。さっきおっしゃった花の色にしても、形にしても、非常に多様性があります。ところが、物理の場合は、特定のものが、あるとか、ないとか、計測できるかどうかです。ないということはいえない。これは非常に大きなちがいです。

川勝　あるものしかないというのはゲノムの世界、分子生物学は有限の世界が相手ですね。物理学は、数式や理論ではこうなっているはずとは言えても、それが実証されなければ、真理かどうかはわからない。観測や実験で確証されれば、それは理論の数式どおりだということで、そのときに必然になります。

本庶　物理学では、存在しない、という証明はできません。

川勝　その意味で、あるものしかないという生命科学者の立場は、はっきりしていて、合理的ですね。

本庶　合理性があるというか、単純にいけると思います。

川勝　ただし、有限の世界の中での組み合わせは無限ですね。

本庶　無限に近い。

川勝　無から有は生じないが、有から新しいものが無数にできる。

本庶　有限だけれども、一見無限に見えるほどの多様性ができている。

川勝　多様性、つまり新しいもの、今までになかったものが生まれてくる。

ある原因にたいして、この結果しかないという一元的関係ではなくて、原因になる抗原に対して、それまでなかった抗体が、まったくランダムな突然変異としかいいようのない無数のバリエーションから結果的に特定の抗体が出てくるわけですね。

本庶　出てきます。

川勝　それは物理学の世界とちがいますね。矛盾するようですが、因果関係を破る世界を有限の中にもっている。

本庶　そうです。私はそれが生きもののすごいところだと思います。

人の感性も脳科学によって説明可能

川勝　ヒトとチンパンジーのゲノムを比較すると、あまり変わらない。明らかに遺伝子を継承しながら、どこかで飛躍して、チンパンジーとは異なる人類が生まれた。生物の進化の系統図は、かなりはっきりとわかっているし、ヒト科もだいたい六百万年ほど前に、原型がアフリカに現れたこともわかっています。進化をさかのぼると、三十数億年前に単純な形の生物が生まれたこともわかっている。生物が分化し、多様化してきたということがわかっています。それがわかるのは、われわれ人間という知的生命体の特権でしょう。なぜ、人間にはそうしたことがわかるのか、というのも、謎ですね。

地球が四十数億年前に太陽系の一部として誕生して、地球を含む太陽系が宇宙にできたのは百三十八億年ほど前のビッグバンの結果です。こういうことを人間はわかる。それは人間の脳の世界の中に、あらかじめ宇宙があるということではないでしょうか（笑）。

佐藤勝彦先生が、宇宙が誕生した瞬間を数式で表した「インフレーション理論」を出したのは、脳のシナプスの働きによる思考の結果にはちがいありませんが、それも、観測技術の発展という外界の変化が、あたかも抗原のように、佐藤さんの脳のシナプスに働きかけた。それに応じた脳のレセプターがランダムな変異をおこして、あたかも抗体ができるように、シナプスを動かして適切な説明体系をつくりあげた。画期的な理論が誕生する仕組は、抗原と抗体の関係のアナロジーでとらえられます。そうした頭脳を人間が持っているということは、われわれの脳の中に宇宙誕生以来の記憶があるのではないか……。

本庶　どうですかね。それは理屈の組立です。それよりむしろ、私がさっき申し上げた感性の問題が気になります。この絵がいいという人もいるし、まったくだめだという人もいる。芝居にしても、音楽にしてもそうです。脳の中にそれがいいというときに必ず反応する細胞、場所がありますす。それは人によってちがう。つまり、色はかなり単純ですが、ある人はある色に反応する細胞をもっている、それからある形に非常によく反応する細胞をもっている。それはもちろん、一つの脳細胞ではなく、反応性のあるネットワークができていると思います。それは今、脳科学でも非常に大きな課題です。

川勝　芸術も脳科学で説明できるというのですか。感性におけるさまざまな表現は、どこの細胞が活性化して、表情として出てくるというのがわかるのですか。

本庶　わかると思います。

川勝　生物学者は、将来的には感性も科学的に説明できると信じているのですね。

本庶　生物学者としては、そこまではいけると思います。人の脳を細かく分析したら、その人が女性でいえば、すらっとした方が好きなのか、ぽちゃっとした方が好きなのか、ボナールの絵が好きなのか、マチスの絵が好きなのか、ということが、予測できる可能性は十分にあります。

川勝　好き嫌いは人間の誰にもあり、好きというのは快感ですし、嫌いというのは不快感ですね。先生は、生命科学の知見を、快と不快という感性に結びつけて、幸福論を展開されていますが、幸福感も生命科学で説明ができますか。

本庶　基本的に、人間の心は大脳活動の反映だと思います。それをもとに宗教も、あらゆる人間の情動も説明できると考えます。その上に、さらにさっきおっしゃったような、進化の理論などを理解する、知のレベルが存在します。

ヒトは一つのユニバース

川勝　生物の世界は、もともと単細胞から分化して、今日のように多様化してきました。分化と多様化が進化の実態だと思います。分化し、多様化してきたわけですが、その根元の記憶は、忘却の彼方に沈んでいるとはいえ、遺伝子のどこかに蓄積され保存されているのではありませんか。遺伝子は情報の集積体です。言葉を発し、コミュニケーションする動物が登場する遥か以前の生物の情報も、遺伝子の中に蓄積されており、非生命体から最初の生命体が出てきた記憶も情報としてあるのではありませんか。そして、それを遡っていくと、一番小さな生命体の遺伝子の中に、それ以前の情報が記憶されており、それを辿っていくと、じつは人間という知的生命体の中に宇宙の記憶があるとも考えられませんか。

本庶　遺伝子の中にすべての記憶があるとはいえません。遺伝子がもっているのは、生存に必須の仕組、それから基本的な役割です。たとえば、免疫系として機能する仕組はもっています。しかし、その抗原に出会ったという記憶は、われわれが生まれた後、新たなものとの遭遇の結果を記憶として、もういっぺん別々の細胞の遺伝子に印をつけていくというかたちをとっています。

　また脳の話をすると、脳の中の記憶というのは、生まれた時は真っ白です。だから親から受け継いだ記憶というのは、三島由紀夫は産湯のことを憶えているといいましたが、たぶん嘘でしょう（笑）。生まれた時に記憶はない。そして必ず脳の中に蓄えられていきます。その蓄えられる仕組にかんしては、今ようやくそれがわかりつつあるところです。多くの細胞間のネットワークの電気信号の仕組として蓄えられています。

コンピューターみたいなところがあります。

川勝　コンピューターに還元して、コンピューターを通して脳の仕組を逆に理解するという方法もありますね。

本庶　今、そういうこともやられています。

川勝　しかし、脳の仕組がコンピューターの情報処理と整合性があることがわかっても、コンピューターは人間がつくった道具なので、脳の全体像はわからない。

本庶　それはまだまだはるか先のことですね。部分的なことはわかっていますが。

川勝　ヨーロッパの科学の特徴は要素に還元するというやり方で、その典型が原子核の構造を明らかにする素粒子論であり、また、遺伝子の塩基配列を明らかにして、組み換え等を人為的に可能にした分子生物学でもあります。要素に還元して得られた情報を組み立てて、現実の現象を

説明するという知の体系です。要素に下向し、全体の現象に上向すると

いってもよいかもしれません。これはデカルトが『精神指導の規則』な

どで明確に述べた科学の方法の基本です。人が病気になり、そこから回

復する仕組についても、病原の要素に還元して、その働きを明らかにし、

抗原をつきとめ、それにたいして抗体ができる免疫の仕組が明らかにさ

れました。

　ところで、遺伝子がランダムな変化をおこすということは、そのとき

には無駄でも、いずれ役立つかもしれず、言いかえれば、あらゆる抗体

をもっていることと同じではありませんか。

本庶　抗原に反応しうるものですね。

川勝　どの抗原が襲ってくるかは予測不可能なのに、あらゆる抗原にた

いして、それに応じた抗体ができるということは、特定の抗原には無駄

とみえても、別の抗原には有効でありうるので、あらゆる抗体を初めか

らもっているのと同じともいえます。それが無限の多様性をはらんだ有限なる遺伝子の本質ではないかと。抗体としてまだ発現していなくても、いずれ発現する可能性があり、無駄とはいえない。何かそこに根拠があるはずです。個体発生は系統発生を繰り返すといわれますが、宇宙がビッグバンで生まれ、生命が誕生してくる歴史が、失われた記憶ないし自覚されない情報として、われわれの身体に潜在しており、それが、無数ともいえる新奇の抗原に対して、ピタッと合う抗体が発現する理由ではないでしょうか。無いように見えても、実際には、用意が有る。用意のあることが無限にちかい多様性の根拠になっている。有限の遺伝子が無限に多様化するという、抗体のできる仕組をうかがって、全体性が個の中にはらまれている、ということではないかと思いました。

本庶　個の中にね。もう一つ重要なことは、現在七十億いるヒトという集団の中に多様性があるわけです。それがすごい。それぞれのヒトが一つのユニバースをつくっているという見方もできますね。

川勝　一人ひとりが、人類という一つの大きな生命体の細胞に当たるともみなせますね。個のなかに人類の全体性が内包されているともいえないでしょうか。個体は、それぞれが異なります。どういう人間が生まれてくるかはわからない。どういう風に育つかもわからない。人類の細胞にあたる個の多様性は無限といえます。親が自分と同じような子どもを持ちたいと思っても、子どもは同じにならない。どの個体も多様化をはらんでいます。どのような子が生まれてくるかはわからないですからね。

本庶　そうですね。

4　生命科学の未来

生命科学と食糧問題

川勝　そうした仕組を、われわれの生活にどのように活用できるかという課題がありますす。どこかでお書きになっていますが、生物は自己複製をする。その自己複製の原理を人工的にやれば、遺伝子組み換えの食糧もつくることができる。これは食料問題への生命科学の活用ですね。それから、人間はものすごい数の、われわれの細胞以上の微生物を体の中にかかえている。この微生物の働きは、アルコール生成などエネルギー問題に使えるとも提言されていますね。

本庶　そのとおりです。生物がもっている力を活用していくことは、経済的な効用として非常に大きいと思われます。ただコストの問題、それから組み換え食品にたいする感情的なアレルギーの問題など、さまざまな障害があって、日本ではまだあまり成功していないという状況です。

川勝　生命科学の権威である先生のお立場からするとき、遺伝子組み換え食品について、どのようにお考えでしょうか。

本庶　私はほとんど問題ないと思います。もちろん、予期せぬものが出てくるという可能性はありますが、それは前もって試験をして、アレルギー反応を起こすなどのスクリーニングは十分できます。もちろん、毒性などは、食品として認可する場合、別に遺伝子組み換え食品に限らず、ルーティンの検査を、あらゆる食品にたいしてやっていますから、それ以上の想定外ということは、私は考えなくていいと思います。

川勝　それは今後の食糧問題にたいする、生命科学からの提言ですね。

教育と生命科学

川勝　生命科学は、歴史は浅いのですが、最先端の科学です。また、生命とは何か、生きているということはどういうことかを問う学問でもあります。日本の学問教育における生命科学の位置は、どのようなものでしょうか。あるいは日本の教育において生命科学はどうあるべきだとお考えですか。

本庶　教育の問題は、生物に限らず、中・高から、しっかりと教えてほしいと思います。生命現象はあらゆる人間の活動の基本ですから、さきほど申し上げたように、人はなぜ個人として尊ばれなくてはならないのかという個性の問題は、生命現象の仕組そのものを考えれば、きわめて自然に受け入れられるし、倫理にもつながります。生命の仕組は、なるべく若いうちからきちんと教育していく必要があります。

私が京都大学の医学部で教えていたとき、医学部に入ってくるのに、生物を履修せずに入ってくる学生がいました。入学試験では、物理と化学でやった方が点を取りやすく、できる受験生は確実に点を予測でき、一方、生物は出題範囲が広く、知らないところが出てきたら、点が取れないというリスクがあるからです。それは非常に問題があるので、必修にするように、かなり働きかけました。その後一時は改善されたようですが、最近のことは知りません。そういうこともあって、生命科学の基礎的な教育を小さいころからやり、生命科学に進む意思を持つ人にはきっちりした教育をやる。また今日の社会では、生命科学は、基礎的な教養でなければならないと思っています。

川勝　生命科学を、教養として、必修科目とするべきだというお考えですね。

本庶　はい。最初に申し上げた医療費の問題でも、たとえば、終末期医療にはかなりのお金が使われます。人は長く生きたいが、ふつうに考えてこれはむずかしい。あるいは極端な話、植物人間になってしまったが、どうやって人工呼吸装置を外すか。じつは外せません。一旦装着してしまうと、外した人、医師が、殺人罪に問われます。どうやったらいいのか、これは非常に大きな問題です。ですから死生観といいますか、人は必ず死ぬものであり、その死に方はどうあるべきか、宗教の領域にも立ち入りますが、そういうことを考える教養として、生物学、生命科学は非常に重要だと思います。一般の人にそういうことをしっかり身につけてもらいたい。

死生観と生命科学

川勝　各人が自分の死生観を確立し、延命治療はいらないという選択肢をもてるようにするべきだということですね。日本は自殺者が年三万人ぐらいもいて、なかなか減りません。大半は健康問題と経済的理由による自殺です。一方、終末期医療で、植物状態で、管だらけでも、延命させることが、人道に適っているとも思われています。これも一つの死生観ですね。それを今一度考えるべき時にきていることは確かです。生命とは何か、自己とは何か、生きるとは何か、これらについて、生命科学は教えていますか。

本庶　生命科学が教えているかといわれると、これは宗教の領域に入ります。ただ、少なくとも人は必ず死ぬ。死ぬ時はどういうふうに死ぬべきか、あるいはどういうふうに死にたいかを考えなくてはいけない。生命がどうやって誕生するか、生命が子孫にどういうふうに伝えられるかということを学び、そして個の生命は無限である必要はなくて、生命はジェネレーションを通して永遠であるという、この基本をしっかり学ぶことが重要だと思います。

川勝 宗教について、先生は、死という不安にたいして、それを解消する装置としてつくられたと書かれています。

本庶 はい。人間の知恵ですね。

川勝 宗教といってもキリスト教、イスラム教、ヒンドゥ教など、いろいろですが、「いまだ生を知らず、いずくんぞ死を知らん」と、死を敬遠した孔子の儒教もあります。仏教には、人間は生まれ変わる、ただし、人間に生まれ変われるかどうかはわからなくて、チョウに生まれ変わったり、毛虫に生まれ変わったりするという輪廻転生の教えもあります。

本庶　うーん。私は、仏教に詳しくありませんが、輪廻転生の思想は、すごいと思います。生命ということを何もわからないときに、そういうことを考えていた。それはすごいと思います。

川勝　生老病死の四苦から、いかに解脱するかが、仏陀の基本的な教えですね。

本庶　個は死ぬけれども、ジェネレーションによって生はずっとつづくという教え。仏陀は偉大な思想家だと、私は思います。

川勝　仏陀の説いた仏教は原始仏教といわれ、日本仏教とは区別されています。日本では、死んで地獄に落ちたくないといいますが、極楽・地獄の思想は、どうもインドにはなく、中東から来たゾロアスター教の思想ではないかといわれています。奈良の東大寺の正倉院にはシルクロード伝来の宝物が収められていますが、そこにはインド、イラン、さらに西のローマ、ギリシャあたりからのガラスや仮面など、さまざまな物があります。奈良時代は仏教が盛んで、中国に遣唐使を派遣して、仏教が伝えられたので、中国の仏教文化が中心と思われがちですが、実際にはシルクロード伝来の物が正倉院に含まれているということは、西の方の一神教の人も物も思想も仏教にまじっていっしょに来ていると考えるべきです。

当時の奈良はシルクロードの終点で国際的です。当時すでに、キリスト教は存在し、イスラム教は生まれたばかりですが、ともに一神教で、仏教もあり、三大宗教はできあがっており、留学僧がそれらをないまぜで持ち帰り、奈良は世界宗教のセンターのような相貌を呈していた。そうしたなか、経典の選択と解釈が進んで、最終的に広く正法・像法・末法という世界観が根づき、一〇五一年で末法に入ると信じられ、末法に入ったら世も末で誰も救われない。どうしたら地獄に落ちないで、救われるかを懸命に考えるなかで、犬畜生も草木も、衆生すべてに仏性があって、皆救われて浄土に往生できるという天台本覚論といわれる思想をつくりあげました。これは哲学者の梅原猛先生が日本独自の思想だと強く主張されていますが、天台本覚論は、インドはもとより、中国とも異なり、きわめて日本的のようです。すべてのものに仏性があるということは、すべてが対等の同胞兄弟だということで、動植物のなんでもが主人公になりえて、「鳥獣戯画」のような作品が生まれ、鳥獣が人間のように描かれる。謡曲では、杜若《かきつばた》、菖蒲《しょうぶ》、芭蕉《ばしょう》のような植物が、人間の姿を借りて苦しみを語るなど、存在をすべて対等に見ています。これは近代の宮沢賢治の思想にも生きています。

日本の宗教の総本山は比叡山で、そこでの最高の経典は法華経です。そこで学んだ親鸞、日蓮、道元、栄西など、みな天台本覚論を身に付けており、その上で独自の仏教体系をつくった。

本庶　輪廻転生とは関係ありますか。

川勝　あると思います。輪廻で何に転生するかどうかは別にして、生きとし生けるものすべて同じ仏性の現れだと教えるのが天台本覚論だからです。

本庶　チベットにも輪廻転生はあるのでしょう。

川勝　ありますね。転生活仏のダライ・ラマがそうですね。同じ仏性が転生しながら顕現すると信じていなければ、ダライ・ラマは生まれ変わっていくとは考えませんからね。

本庶　なるほど。

川勝　三島由紀夫の最後の作品『豊饒の海』の第一巻「春の雪」に出てくる貴族の青年が亡くなり、第二巻以降、日本やタイで転生しますが、三島の構想した輪廻転生は、仏教学者から見ると異論があるようですが、『豊饒の海』全巻の結末は、寺の庭のシーンで、そこは寂寞としていて、記憶も消え、何もないという描写で閉じられています。輪廻転生の小説を残した三島ですが、本人は、延命とは真逆の割腹自殺という激しい死に方で、桜のように「散るこそ花と吹く小夜嵐」と辞世の歌を残しています。日本には辞世の歌を残す習慣があります。浅野内匠頭の有名な「風さそう　花よりもなお　我れはまた　春の名残りを　いかにとやせん」、吉田松陰の「身はたとひ　武蔵の野辺に　朽ちぬとも　留めおかまし　大和魂」、平忠度の「行き暮れて　木の下かげを　宿とせば　花や今宵の　あるじならまし」、西行の「願はくは　花のもとにて　春死なむ　その如月の　望月のころ」など、よく知られていますが、人生を歌でしめくくるというのは日本古来の死の作法で、きれいですね。潔くもあります。延命とはまったくちがいます。

本庶　なるほど。いつから日本人は、延命にこだわり、そして本人はもういいといっても家族は許さないようになったのでしょうか。医療側からすると一番困るのは、その場にいる家族はいいといったのに、死んだ後に、いとことかが出てきて、どういうことだということになり、もめることです。こういう世の中にいつからなったのでしょうねえ。

川勝　うーん（笑）。戦後に医療技術が発達して、命、命と言い始めてきたころからでしょうか。

本庶　命は地球よりも重いという言葉がありましたね。

川勝　ダッカ日航機ハイジャック事件の時、当時の福田赳夫首相が、そういいましたね。一般論として皆感動しましたが、そのころから命、命と言い始めたように思います。一種の女性的な死生観ではないかと思います。命を直接孕んで産む女性にはごく当たり前の死生観ではないかと思います。もっとも、細川ガラシャのように「ちりぬべき　時知りてこそ　世の中の　花も花なれ　人も人なれ」と辞世の歌を残して、あっぱれな死に方をした婦人もいますが、死を語らず、命の大切さばかりが声高に語られるのは、平和な時代で、それは女性が活躍する時代です。平和な時代は、日本には三回ありました。平安時代、江戸時代、そして戦後の現代です。そのような平和な時代は、女性が活躍して女性優位がすすむとともに、人口が増えないという特徴もあります。

平安時代は、十世紀までは純友の乱や将門の乱がありましたが、十一世紀になると、紫式部や清少納言など女性が活躍する世の中になり、しかも人口が増えません。人口が増えてくるのは、平安時代が終わって、鎌倉時代になって男ぶりが競われる武家社会になってからです。これは縄文以来の日本の人口変動を鳥瞰した鬼頭宏さんの仕事ですが、室町・戦国時代は人口が増え、江戸初期は千百万か千二百万ぐらいだった。それが百年ほどで三千万まで増加します。そのころまでは、まだ日本は男性的で、島原の乱はあるし、浪人も多く、赤穂浪士の討ち入りもあります。赤穂浪士の切腹で、男性優位の時代が終わって、華やかで平和になっていきます。

徳川吉宗のころから、花見や歌舞音曲とともに平和が実感され、何よりも、離婚が増えます。離縁状の三行半《みくだりはん》には、「夫何某は妻の何某を離縁するもの也、以後一切かまわない」と、夫が妻を一方的に離縁するとあるので、さぞ女性は不幸だっただろうと思われがちですが、さにあらず。日付を空欄にした離縁状を結婚するときに受け取って、いつでも離縁する用意のある女性もいたようで、離縁後、女性は非常に元気で、男の方はしょぼくれていた現実も明らかになり、女性にとって離縁状の実態は再婚許可証であった。そして幕末まで、人口は増えません。平和な、いわゆる「パックス・トクガワーナ（徳川の平和）」で、離婚が増え、女性が元気。家族はだいたい子供二、三人で一定になります。

本庶　それは食糧生産性のリミットではなく、文化的な理由によりますか。

川勝　食糧生産性の問題もあります。子供が増えると食いぶちが増えるので、二、三人で抑える意図的な間引きです。女子が二人生まれた後、ずっと生まれなくて、男子が突然生まれている例がしばしばあります。その間に生まれた女の子を間引きした、つまり生まれたばかりの子は人間とはみなさず土に返した。これは人工的な人口調節で、男子が生まれることを待ちながら、人口を子供二、三人で安定させたというのが、速水融先生の説で、経済的な理由と、産む女性の意志とが働いています。

維新になってからは、男性的な価値が社会の表に出て、台湾出兵、日清戦争、日露戦争を経て、「産めよ増やせよ」で、人口は一挙に三千万から八千万まで増えて、戦後、一億を越えました。そのころから子どもは二人に抑えるようになって、お兄ちゃんが行っているのに、どうして私は大学に行かせてくれないのというようなことで、娘も息子も同じように大学に行くようになりました。平成元年になりますと、短大も含めると大学進学率は男を女が抜きます。そのころから女性の社会進出が目立ち、子供の数が減少しはじめ、命を大切にする思想が蔓延し、男は草食系になっていく。平和な時代は、女性が元気で、命が重視され、危険が忌避される。

本庶　命重視は当然ですが、私は命のクオリティを重視したい。どう生きるかということと、どう死ぬかということは、密接に関係しなくてはいけない。だからなんでもいいから生きているという状態がいいのかを、皆が考えてくれないといけない。どうせ死ぬのだから、いかに死ぬかを皆がしっかり考える必要があります。

川勝　いかに死ぬかは、いかに生きるかと同義ですね。生き方・死に方のテーマも生命科学の守備範囲といってよろしいか。

本庶　生命科学はそれに向けて努力しなければいけない。現在の生命科学は、そういうことに対する啓蒙活動が、非常に弱いですね。

川勝　いや、むしろ逆ですね。生命科学者などの啓蒙活動のおかげで、ＥＳ細胞にしても、ｉＰＳ細胞にしても、実用化されれば、いくらでも長生きできるという啓蒙、いや、幻想を振りまかれている（笑）。日本は平均寿命が世界トップクラスですが、終末期医療にお金がかかります。平均寿命より、健康寿命を延ばさないといけません。方法は先ほど強調された予防医学です。遺伝子検査で特定の病気になるのがわかっている子どもに対して、どうするかを、前もって医療機関が知らせることを通して、不幸を生まないようにする先制医療が課題ですね。

本庶　私は、先制医療も含めて、生涯の健康プランととらえています。ところが、今小学校教育では、「死」という言葉を使わせません。赤ずきんちゃんは死なない。そういう形で、あらゆる童話から死という話を排除して、小さい時に、人は死ぬものだということを教えない。これは非常に問題があると思います。

川勝　生死一如で、死に方と生き方は同じことですから、人は死ぬ生物だという科学的、経験的な事実を、生命科学等を通して日本の教育に取りこむことは大切ですね。

本庶　そうですね。おっしゃったように、再生医療でいつまでも生きられるかのような幻想を振りまくのは、非常に問題があると思います。

川勝　今の再生医療は、延命重視の価値観のなかでもてはやされているところがありますね。難病の人や障害をもつ人を救いたいという人道的な見地があることはまちがいありませんが、そのことと死生観を明確にすることとは両立します。

立派な生き方、死に方を見せる人が必要です。三島由紀夫のような死に方は極端ですが、東日本を襲った三・一一で、津波から人びとを救おうと最期まで努力をして、自らは津波にのまれた死に方を、人びとは偉いと思う。他人を助けるために自らが犠牲になった人にたいして、立派な生き方だったと評価する考えが、日本人の心の中に息づいています。

死が教育の世界でタブー視されているのは、問題ですね。

本庶　非常に大きな問題だと思っています。生きものは死にます。飼っていたネコもイヌも死ぬし、昆虫も死ぬ。死というのは何なのかを、小さいころからきちっと教えるべきだと思います。

再び、生命科学と教育

川勝　生命科学は生物、化学、物理の総合というくくり方でよいのでしょうか。あるいは、生命科学に物理は入りませんか。

本庶　そこまではいけないと思います。というのは、視点とスケール（大きさ）がちがいます。物理学がやっている、素粒子の世界から物性までいったとしても、見るスケールがちがいます。化学は分子で、物理学はそれより下のところまで見る。生物学はもっと複雑な寄せ集めということで分かれています。

川勝　これだけ学問が分化しますと、科目をどう整理すればよいのか、むずかしい。

本庶　むずかしいですね。生命科学自体が、細分化しましたから、非常にむずかしい時代です。たとえば、脳科学をやっている人、免疫学をやっている人、糖尿病をやっている人、発生学をやっている人、すべてをつなげる学会などがありません。

川勝　中学校になると、理科は専門の先生が教えますが、理科の先生になるには、教育学部で理科を専攻して教員免許を取得し、教員採用試験に合格すればよい。彼らの教育で最先端の生命科学の成果を身につけているかという問題があります。

本庶　それはじつは、私が総合科学技術会議にいたときに、現在の仕組の教員制度がいいか問い直すよう文科省に注文しました。もちろん基本的な国語や数学はそれでもいいかもしれないが、自然科学の非常に変化の激しい科目は、大学院を出たぐらいの人が教えた方がいいのではないかということを進言しました。

川勝　それは非常に貴重な進言だと存じます。今は二人に一人が高校から大学に行っており、大学の定員数では全員が入学できます。高卒の二人に一人が大学に進学しているので、親のうち一人は、少なくとも高校は出ており、大学を出ている人も多い。そうなると学校の先生と学歴が変わりません。小・中学校の教科は、大学出の親だと宿題を手伝うことができる程度のレベルです。親御さんも、なりたての若い先生だと、簡単に尊敬できないし、先生だからといって、学歴が変わらず、自分の出ている大学のレベルの方が高いと思ったりすると、モンスターペアレンツになりかねません。

やはり、ご指摘のように、進歩の著しい自然科学系を教える人、あるいは複雑な国際関係や政治情勢をしっかり教えるには、最低限でも修士号はもってほしい。学士号だけで先生になったとしても、教えているあいだに、研修を受けて、大学院に行って学位を取るような姿勢をもたないと、教育レベルが学界レベルからどんどん遅れていきます。そういうレベルの低い先生に教わった子どもの学力は伸びない。私はポス・ドクの若手を教員に採用してくださいと教育委員会に強くお願いしていますが、特に理科系は先生の学歴を上げ、学問水準を上げないといけないと思っています。

もう一つ重要なことは、生命科学、再生医療と関係する倫理の問題です。先生の少年時代ですと、両親の世代の倫理観は自然に入っていました。国粋的だったかもしれませんが、それでも、親を敬う、目上を大事にする、目下をいじめないなどは、社会道徳として共有されていた。今は倫理観が希薄になって、教員の不祥事も少なくありません。

倫理観は生物学を通しても教えることができます。たとえば、今西さんは、生物界における進化とは「棲み分けの密度化」だという。種は突然変異で多様化し、多様な種が生きられるように、空間を互いに分かち合い、全体として共に生きられるようにしてきた。それが生物の世界だという。遺伝子の中にも、倫理性を帯びた要素が組み込まれているのではないでしょうか。

本庶　共生ということですね。たくさん例があります。たとえば、私たちの腸管の中にバクテリアが何十億、何兆といますが、このバクテリアがいないと体調が悪くなります。バクテリアにつくってもらっている、ビタミンやアミノ酸が多数あり、体の中には、役に立つバクテリアをなるべく保ち、毒素を出すようなバクテリアを排除する仕組があります。これで、役に立つバクテリアは腸の中で幸せに暮らしていけます。まさに共生です。

川勝　共生の仕組を知ると、互いに生かし合っているという価値観が育まれるでしょう。倫理性を、学問の中に取り戻す糸口が必要です。学問は何のためにするかということにもかかわっています。人間には食欲、性欲、権力欲があり、美しいものを手に入れたい、健康でありたいとも願望します。そういう欲望を認識できる知は、何のためにあるのか。学問の目的は真理のための真理の追求という自己目的もあるかも知れませんが、どこかで世のため人のためになり、評価される、わかったよろこびを分かち合う、人をよろこばすことが自らの幸福につながるという面もあります。自らの知的欲求を満足させ、ホモサピエンスという知的存在として人類に最高のよろこびを与えるという意味では、学問も人のため世のためにあると思います。

本庶　それはまちがいないでしょうね。

川勝　日本で一番高額なお金は、一万円札です。一万円札は一片の紙切れですが、なぜ通用するのか、紙面が印刷されているからです。何が印刷されているのか、福沢諭吉の顔です。それはどのような顔なのか。慶応義塾を創った顔だと慶応出身者はいうでしょうが、そうではないでしょう。「天は人の上に人を作らず、人の下に人を作らず」とある『学問のすすめ』を書いた人物の顔です。士農工商の四民は対等で、一人ひとりが主役であり、「国の基礎は一身の自立にあり、一身の自立は学問にあり」。福沢は、人は自立せよ、自立するには学問をせよ、と説いた。日本の最高額紙幣は「学問立国」の顔です。それが世界に通用している。「学問立国」を印刷した紙幣を使っているのだから、お金は学問のために使うべきなのです（笑）。そのことを、日本政府はわかっているのか。政治家は皆、口をそろえて、経済成長だといっているように聞こえます。文化力をあげるためにお金を使うべきです。世界に通用する一万円札の顔は学問立国の顔なのですから。「学問のすすめ」が、日本の経済力の使い方である、私はそう思っています。余計なことを申し上げたようです。

本庶先生、本日はお忙しいなかを、このように長く拘束して、すみませんでした。本当にありがとうございました。

本庶 本当に楽しくすごさせていただきました。ありがとうございました。

●**川勝平太**（かわかつ・へいた）
一九四八年生まれ。静岡県知事。専攻・比較経済史。D.Phil.（オックスフォード大学）。早稲田大学教授、国際日本文化研究センター教授、静岡文化芸術大学学長などを歴任し、二〇〇九年七月より現職。主著に『日本文明と近代西洋──「鎖国」再考』（NHKブックス）『富国有徳論』『文明の海洋史観』（中公文庫）『近代文明の誕生』『資本主義は海洋アジアから』（日経ビジネス人文庫）『海から見た歴史』『アジア太平洋経済圏史 1500-2000』（編著）『「東北」共同体からの再生』（共著）『「鎖国」と資本主義』（藤原書店）など多数。

対談へのあとがき

川勝平太

謹啓
燈火親しむ候、秋も一段と深まってまいりました。ご清祥のこととお慶び申しあげます。
本庶先生、ノーベル生理学・医学賞の受賞おめでとうございます。
先生を静岡県公立大学法人の理事長にお招きした二〇一二年に、先生はロベルト・コッホ賞を受賞、翌年には文化勲章を受章されました。それを寿ぐ楽しい対談から四～五年が経ちました。この間、二〇一四年には唐奨(台湾が贈るノーベル賞級学者の第一回受賞者)、ウィリアム・コーリー賞、二〇一六年には京都賞など、数々の国際賞に輝かれ、また各方面で精力的に活動され、合間にはゴルフに興じ、ワインを片手にだれかれとなく談笑されるなど、悠揚迫らざる先生の立ち居振る舞いには、敬意とともに、感嘆の念を覚えています。

文武両道に秀でた万能の先生のことですから、もし少年の頃の大志の一つであった外交官になられていたならば、国連事務総長として世界平和に尽力されたことでしょう。またもしゴルファーになられていたならば、ホールインワンを連発されたことでしょう。

先生は日本人として二六人目のノーベル賞受賞者です。スウェーデンのカロリンカ研究所は授賞理由を「免疫反応のブレーキを解除することによるがん治療法の発見で、がん治療のまったく新しい原理を確立した。世界で年数百万もの命を奪うがんとの闘いで、きわめて高い効果を示した」と述べています。

先生は、がんを攻撃する免疫にはブレーキの機能をもつタンパク質「PD―1」があり、そのブレーキを外せば、がんを攻撃し続ける仕組みを解明されました。アクセルを踏むのではなく、ブレーキを外すという、アッと驚く「逆転の発想」が「オプジーボ」という製薬につながりました、というより、地道な基礎研究を臨床治験・製薬にまでつなげたのは、まさに先生の不抜の意志です。先生の座右の銘「有志竟成《ゆうしきょうせい》（志があれば必ず成し遂げられる）」のとおり、製薬に結び付けた先生の旺盛な活力に満ちた意志の持続は、いぶし銀のように光っています。がん治療には外科手術、化学療法（抗がん剤）、放射線の三つありますが、先生は四つ目の免疫治療法を確立されました。それは感染症予防の抗生物質ペニシリンの発見に匹敵する人類社会への多大なる貢献です。

先生とともにノーベル生理学・医学賞に輝いた米テキサス大学のジェームズ・アリソン教授（一九四八年〜）は「CTLA—4」を発見されました。これも免疫にブレーキをかけるタンパク質ですが、自動車にたとえるならば、先生のPD—1はブレーキ、アリソン教授のCTLA—4はサイドブレーキです。

先生は、受賞決定後の記者会見で「元気になったのはあなたのおかげ、といわれると本当に研究としては意味があったと思います」と話されていました。先生に感謝している人はたくさんいますが、そのなかにはオプジーボの適用をひろげるために「自分が実験台になる」と申し出られていた森喜朗元首相も含まれています。

毎年、ノーベル賞の発表前に日本人候補者の名が新聞紙上に載り、世界トップクラスの学者がこの国に多いことを知って誇らしくなりますが、ここ数年はノーベル生理学・医学賞の筆頭候補にいつも先生が挙げられていました。このたびの受賞は、意外でなく当然のことながらも、それがようやく実ったということで、ことのほか喜ばしく感じられます。

ちなみに、非西洋圏で西洋諸国にまさる数のノーベル賞学者を輩出しているのは日本だけです。二十世紀には、自然科学三部門において、湯川秀樹博士（物理学、一九四九年）、朝永振一郎博士（物理学賞、一九六五年）、江崎玲於奈博士（物理学賞、一九七三年）、福井謙一博士（化学賞、一九八一年）、利根川進博士（生理学・医学賞、一九八七年）、白川英樹博士（化学賞、二〇〇〇年）の六名でした。二十一世紀に入ると、野依良治博士（化学賞、二〇〇一年）、小柴昌俊博士（物理学賞、二〇〇二年）、田中耕一博士（化学賞、二〇〇二年)、南部陽一郎博士(物理学賞、二〇〇八年)、小林誠博士(物理学賞、二〇〇八年)、益川敏英博士(物理学賞、二〇〇八年)、下村脩博士(化学賞、二〇〇八年)、鈴木章博士(化学賞、二〇一〇年)、根岸英一博士(化学賞、二〇一〇年)、山中伸弥博士(生理学・医学賞、二〇一二年)、赤崎勇博士(物理学賞、二〇一四年)、天野浩博士(物理学賞、二〇一四年)、中村修二博士(物理学賞、二〇一四年)、大村智博士(生理学・医学賞、二〇一五年)、梶田隆章博士(物理学賞、二〇一五年)、大隅良典博士(生理学・医学賞、二〇一六年)、そしてこのたびの本庶佑博士(生理学・医学賞、二〇一八年)と続き、今世紀の自然科学三部門での日本人の受賞者数は、アメリカをのぞけば、イギリス、ドイツ、フランスのヨーロッパのどの国をもはるかに凌駕しています。

そのほとんどの方が、日本の学問風土のなかで精進し、世界トップクラスの研究成果を出された碩学です。先生もそのお一人です。先生は、学者を誘惑してやまないアメリカの潤沢な資金に裏打ちされた研究環境に後ろ髪を引かれながらも、子どもを日本でしっかり育てると決断し、家族とともに帰国し、日本で人一倍の苦労を重ね、大輪の花を咲かされました。まことにあっぱれなサムライ魂！と感じるのは小生だけはありません。

知る人ぞ知る、先生にはノーベル賞級の仕事がほかにもあります。たとえば免疫反応で多様な抗体がつくられる「クラススイッチ」のモデルです。病原体にあわせて抗体が五つのクラスに変化することを、早くも一九七八年に、三十六歳の若き医学博士の本庶佑青年がアメリカの学術雑誌に発表していました。利根川進博士が、抗体遺伝子が組み合わせを変えて様々な種類の病原体に対応する「獲得免疫」の研究で一九八七年にノーベル生理学・医学賞を受賞されましたが、先生の「クラススイッチ組換え」原理の発見も同時受賞に値するという声がありました。先生が内外で受賞された数々の賞の多くが授賞理由に「ＰＤ─１」と「クラススイッチ」の両方を挙げています。

本書には、先生の二本の講演録が収められていますが、最初の「ＰＤ─１抗体発見への道のり」は京都賞の式典における先生の受賞記念講演です。

京都賞は、ノーベル賞が最高の学者を顕彰するのと一味ちがい、最高の学者であるとともに最高の人格——京都賞委員会では「最高の人」と表現——を不可欠の条件としています。ノーベル賞の授賞式には受賞者が出席できない場合がありますが、京都賞の授賞式には受賞者本人がかならず出席しなければなりません。そして京都の国際会議場を埋め尽くす聴衆を前に、自らの学問人生を語らなければなりません。聴衆が受賞者の謦咳に接することで、語り口にあらわれる学徳に触れるためです。

かつてアルフレッド・ノーベルはダイナマイトを発明して巨万の富を築きましたが、ダイナマイトが戦争に使われるのを嘆き、自分の財産を平和に尽くした学者を顕彰するために活用してほしいと遺言し、ノーベル財団が設立されました。一方、京都賞は京セラの創業者・稲盛和夫さんの人生哲学に立脚して稲盛財団が設立され、世のため人のために貢献した「最高の人」を顕彰する国際賞です。先端技術、基礎科学、思想・芸術の三部門からなり、学問のほぼ全領域を対象にし、思想・芸術部門には音楽、美術、映画・演劇、思想・倫理なども含まれています。

京都賞の特徴は日本人識者だけで「最高の人」を選んでいることです。第一回京都賞は一九八五年でしたから、そのころまでに日本人が明治期に「お雇い外国人」から教わった西洋の学問を全般にわたって自家薬籠中のものにしたということです。世界トップクラスの最高の人を、世界全体を見渡して、学問文化の全領域において、日本の識者のみで選考できるようになっているという事実は、日本人の学問水準がエベレストの高みに達していることの証しであります。近代日本人がなしとげた最高の偉業です。

先生が現代日本に生きる「最高の人」の一人であるということが京都賞受賞によって明かされたことは、先生を知る者として、この上ない誇りでした。「I　PD―1抗体発見への道のり」はそのような京都賞式典における先生の受賞記念講演の全文です。

もうひとつの「II　幸福の生物学」は「盛和スカラーズ」に選ばれた若手研究者を前にした記念講演の全文です。盛和スカラーズは稲盛財団が若手研究者に研究助成するもので、使い勝手の自由度が高く、対象領域は学問の全分野におよんでいます。かつて山中伸弥博士も盛和スカラーズのお一人でした。小生は当時、その選考委員を務めていました。その縁で授賞式に出席し、先生の講演をじかに拝聴しました。そのときに受けた感銘はいまも鮮明です。

本書の出版に際して、十月初めに藤原書店の藤原良雄社長から、先生のノーベル賞受賞を記念する緊急出版を企画したので、先生の数あるエッセーのなかから二つほど選んでほしい、と相談されました。小生は、迷うことなく、右の二つの講演録を選びました。巨細を問わず何事もゆるがせにしない先生の学徳の結晶したものだと思ったからですが、「先生が喜ばれていた」と知らされて嬉しく存じました。

先生とは二〇〇四年に京都賞委員会の委員同士として親しくなりました。候補者選考についての真剣なやりとりとは別に、小生が先生の専門の一端にふれたのは、本庶佑『遺伝子が語る生命像――動く遺伝子をさぐる』（講談社ブルーバックス、一九八六年）でした。初版が出て十年ほどで優に二〇刷を超えたベストセラーでした。その後、同書の改訂新版『ゲノムが語る生命像——現代人のための最新・生命科学入門』（講談社ブルーバックス、二〇一三年）が出ました。これも拝読しましたが、旧版から新版のわずかの間に、たとえば二〇〇三年にヒトゲノムのすべての塩基配列が決定されるなど、生命科学の急速な発展ぶりを知って、目を見張りました。また先生の息づかいの感じられる本庶佑『いのちとは何か——幸福・ゲノム・病』（岩波書店、二〇〇九年）も拝読し、「生命とは何か」「生命科学とは何か」という根本的テーマについて、日本全体で真剣に学び考えるべきときがきているという感を強くするとともに、巻末所収の女流物理学者の米沢富美子さんとの対談では「物理学帝国主義」に「ゲノム帝国主義」を対峙させる生命科学の先生の心意気に感じいりました。

先生には、静岡県のためにも貴重な時間を割いていただいています。県立大学の経営（二〇一二〜一七年理事長、現在は顧問）のほか、京都大学高等研究院特別教授に二〇一七年に就任されてからも、ふじのくに地域医療支援センターの理事長、「社会健康医学」推進委員会委員長などをお引き受けいただいており、医療についての先生のアドヴァイスを実行中です。そうした関係で頻繁にお目にかかる機会があった二〇一四年、「STAP細胞論文事件」が起こりました。先生はインタビューに真正面からお答えになって、「STAP細胞から再分化させた奇形腫やネズミの細胞中のT細胞受容体遺伝子の解析データが示されていない」ことなど、数々の論拠をあげて、いち早く論文のねつ造を指摘されました。この事件は小生の母校の早稲田大学の学問の恥を満天下にさらしたものでしたが、真理の府を自認する総長以下早大当局の対応が拙劣で、恥の上塗りを重ね、慨嘆していました。それと対照的に、間然するところのない先生の対応は、本物の真理の徒とはどういう存在かを広く江湖に知らしめるものでした（本庶佑「STAP論文問題　私はこう考える」『新潮45』二〇一四年七月号）。

小生が初めてお目にかかったころの先生は、六十歳代前半でリュックサックを背中に会議に参加されるなど、行動的で飾りけがなく、文武両道の武士のようでしたが、最近の先生は威厳が備わり、古武士の風格です。といっても、お目にかかって話しをはじめると、物腰は自然体で、話しは率直、こぼれる笑顔は人をひきこみ、上にへつらわず、下にいばらず、正直で、明るく、快活で、歴史のほか関心の幅がひろく、ときに洩れるユーモアのセンスは抜群で、会話はいつも楽しく、気持ちが晴れ晴れとします。先生は人の死を早めるがんの撲滅に貢献されて人類を幸福にされました。人の幸せのために学徳を積まれている先生が、老若男女を問わず、ひろく慕われる所以でしょう。

幸せは万人の願いですが、先生は興味深いことに、死生観を幸福論として語られています。幸福論として死生観を論じるというのは、きわめてユニークな切り口です。先生の幸福論＝死生観は、専門の生命科学から筋道を通して立論されており、学問と人生とが相即不離であることを示しています。

欲望と幸福との関係についても、食欲・性欲・競争欲などを例にしながら、それらを満たすことが感覚神経中枢の遺伝子に埋め込まれているので堂々と肯定するべしと生命科学の知見から論じ、ひるがえって満たしすぎれば今度は麻痺するので、欲望をうまく抑制すれば幸福になる、と論じられています。経済学では欲望はそれを満たすものが一単位増すごとに満足が減退する――例えば、ひと仕事終えての冷えた生ビールはべらぼーにうまいが、ジョッキを重ねると、満足感は落ちる――「限界効用逓減の法則」として理論化されていますが、先生はさらに一歩踏み込んで、だからといって禁欲に走るのではなく、ときとしてワインを楽しむなど感覚神経中枢を喜ばす――遺伝子の幸せにも配慮する――あたり、本庶先生一流のバランスのとりかたです。

物欲についても、ノーベル賞の賞金もオプジーボの特許料も、それで贅沢三昧を夢見るのではなく、生命科学の基礎研究の基金として母校に寄託する、といち早く発表されました。後進の研究者に激励と幸福を贈ることが、ひるがえって自らの幸福にもなる、ということでしょう。利他と自利の見事なバランス感覚です。そこに先生の高潔な気品を感じます。

宗教に話題が及んでも、先生の話はよどみがなく、どこまでも科学的で、理性に裏打ちされ、さっぱりとしており、湿っぽく情に流されるところがありません。宗教学の山折哲雄さんの近著『老いと孤独の作法』（中公新書ラクレ、二〇一八年）によると、「死生観」という表現は、他の漢字文化圏にも、ヨーロッパのどこの国にも見当たらず、「日本列島が演出した独自の思想ドラマ」だとのことです（同八五頁）。

「死生」というように、死を生よりも先に書くところに、人間は死すべき存在である、という達観が、死生観という言葉にこめられています。「武士道といふは死ぬ事と見つけたり」とは『葉隠』の言葉ですが、古典にも「死生有命（死生に命あり）」（『論語』）とあって、生死は天命の定めるところと達観しています。先生の死生観＝幸福論はそれと通じるところがあります。先生ご自身の死にかかわる作法には、お好きなゴルフの一打入魂の一振りで、心臓発作で成仏するもよし、といった恬淡さがあります。

日本人は世界の檜舞台でプレーする日本代表スポーツ選手チームに「サムライ・ジャパン！」と応援しますが、それほどにサムライ好きの日本人——そして多くの外国人から「サムライ」として敬愛される日本人——は、死すべき時が来れば、生の延命に執着せず、死を従容として受け入れるべしということでしょうか。先生の謦咳に接するうちに、おのれの死生観について襟を正して熟考することが多くなりました。

先生は医学界の重鎮として、自己の死生を観ずるのみならず、その目は日本の医療の厳しい現状を憂いながら見つめられています。医療現場の難題を打開するための提言もされています。そのなかでも特に、死生観を涵養する国民教育、終末期医療における自己決定権（安楽死、尊厳死など）の制度化、基礎研究費助成の大幅増額などは、実行に移すべき日本の喫緊の課題です。

いかに生きるかはいかに死ぬかということと表裏です。いかに死ぬか、生命とは何か、生命科学の知見が教えていることは何かなどについて、自分自身の生命（ライフ）の問題として、国民各位が真剣に考えねばなりません。世界クラスとして公認された本庶先生の生命科学（ライフサイエンス）の研究はその最良の糸口を与えるものです。

先生のますますのご壮健を祈りあげつつ、ストックホルムでのノーベル賞の御受賞に対し、はるか敷島の大和の国からお祝いの気持ちをささげ、ふじのくに静岡県民とともに、心から寿ぎたく存じます。

菊香《きくかお》る　今日《きょう》のよき日に　よき人の　よき業寿《わざことほ》ぐ　富士《ふじ》の霊峰《れいほう》

敬具

ふじのくに静岡県

知事　川勝平太

平成三十年　錦秋吉日

Freeman for their collective contributions that revealed the potential of the PD-1 immune checkpoint pathway.

日本癌学会　第4回JCA-CHAOO賞　PD-1 抗体によるがん免疫治療法の発見

2015 年（平成 27 年）

Richard V. Smalley, MD Memorial Award, Society for Immunotherapy of Cancer　Instrumental in the discovery of PD-1 and its role in regulating T cell response.

2016 年（平成 28 年）

京都賞基礎科学部門　抗体の機能性獲得機構の解明ならびに免疫細胞制御分子の発見と医療への展開

慶應医学賞　PD-1 分子の同定と PD-1 阻害がん免疫療法原理の確立

トムソン・ロイター引用栄誉賞（現クラリベイト・アナリティクス引用栄誉賞）　プログラム細胞死 1（PD-1）およびその経路の解明により、がん免疫療法の発展に貢献

復旦・中植科学賞　ヒト癌免疫療法への貢献

2017 年（平成 29 年）

第１回バイオインダストリー大賞　PD- 1 阻害によるがん免疫治療法の開発

ウォーレン・アルパート財団賞　がん免疫の中でがんを直接殺傷する細胞傷害性 T 細胞 PD-1 遺伝子ががんの免疫回避に重要な役割を果たしていることを明らかにした研究

2018 年（平成 30 年）

ノーベル生理学・医学賞　負の免疫制御作用の阻害による新しいがん治療法の発見

●栄典・顕彰

2000 年（平成 12 年）

文化功労者

2013 年（平成 25 年）

文化勲章

2018 年（平成 30 年）

京都府特別栄誉賞

本庶佑教授　受賞歴

●学術賞

1978年（昭和53年）

日本生化学会奨励賞　免疫グロブリン遺伝子の構造と発現

1981年（昭和56年）

野口英世記念医学賞（第25回）　感染免疫領域における遺伝子表現変換機構の解析　真核細胞における遺伝子ことに免疫グロブリン遺伝子の再構成と発現に関する研究

朝日賞　免疫遺伝学への貢献　免疫グロブリン遺伝子の研究

1984年（昭和59年）

大阪科学賞　免疫グロブリン遺伝子に関する研究

木原賞（日本遺伝学会）　抗体遺伝子の構造と発現機構に関する研究

1985年（昭和60年）

ベルツ賞1等賞　ヒト抗体H鎖遺伝子の分子生物学的研究

1988年（昭和63年）

武田医学賞　リンパ球を調節するサイトカイン及びそのレセプターの研究

1992年（平成4年）

ベーリング北里賞　リンパ球の分化、増殖及び免疫グロブリン産生の分子機構

1993年（平成5年）

上原賞　リンパ球の分化制御に関する一連の研究

1996年（平成8年）

恩賜賞・日本学士院賞　抗体クラススイッチ制御に関する研究

2012年（平成24年）

ロベルト・コッホ賞　「免疫応答の解明」に関する一連の業績

2014年（平成26年）

唐奨　for the discoveries of CTLA-4 and PD-1 as immune inhibitory molecules that led to their applications in cancer immunotherapy.

ウィリアム・コーリー賞　Drs. Honjo, Chen, Sharpe, and

〈初出〉

Ⅰ　『稲盛財団2016　第32回京都賞と助成金』公益財団法人稲盛財団、二〇一六年（原題「獲得免疫の驚くべき幸運」第32回（二〇一六年）京都賞記念講演会、二〇一六年十一月十一日、於・国立京都国際会館）

Ⅱ　『盛和スカラーズソサエティ会報』公益財団法人稲盛財団、二〇〇七年（第11回盛和スカラーズソサエティ総会講演、二〇〇七年四月二十二日、於・ウェスティン都ホテル京都）

Ⅲ　『環』58号、藤原書店、二〇一四年七月（二〇一四年四月八日、於・静岡県庁知事室）

著者紹介

本庶 佑（ほんじょ・たすく）

1942年生まれ。医学博士。京大医学研究科博士課程修了後、米国のカーネギー研究所、NIHで客員研究員。1974年帰国、東大医学部助手、阪大医学部教授等を経て、1984年京大医学部教授。以降、京大遺伝子実験施設長、京大医学研究科長、医学部長に就任。2005年退官後に京大医学研究科客員教授。2017年5月より京都大学高等研究院特別教授。2018年4月より同副院長。2015年7月より公益財団神戸医療産業都市推進機構理事長。その他、高等教育局科学官、日本学術振興会学術システム研究センター所長、内閣府総合科学技術会議議員、静岡県公立大学法人理事長を歴任。日本学士院会員。1996年恩賜賞・学士院賞、2000年度文化功労者、2012年ロベルト・コッホ賞、2013年文化勲章、2014年唐奨（Tang prize）、2016年京都賞、2018ノーベル生理学・医学賞など、受賞・受章多数。著作に、一般読者向けの『遺伝子が語る生命像』（講談社ブルーバックス）、『いのちとは何か——幸福・ゲノム・病』（岩波書店）のほか、専門論文多数。

生命《せいめい》科《か》学《がく》の未来《みらい》 ——がん免疫治療《めんえきちりょう》と獲得免疫《かくとくめんえき》

2018年12月10日　初版第1刷発行©

著　者　本　庶　佑
発行者　藤　原　良　雄
発行所　株式会社　藤　原　書　店

〒162-0041　東京都新宿区早稲田鶴巻町523
電　話　03（5272）0301
FAX　03（5272）0450
振　替　00160-4-17013
info@fujiwara-shoten.co.jp

印刷・製本　中央精版印刷

落丁本・乱丁本はお取替えいたします
定価はカバーに表示してあります

Printed in Japan
ISBN978-4-86578-202-8